KB176073

가루와 함께
일주일만 놀아보자!

가루의 과학, 가루의 세계

가루와 함께 일주일만 놀아보자!

최희규 지음

머리말

제가 사람들에게 제 명함을 건네 드리고, 공학박사라는 학위가 적혀 있으면, 사람들이 저에게 전공이 무엇이냐고 물어봅니다. 제가 '분체공학'을 전공했다고 이야기하면, 사람들은 다시 저에게 '분체공학'이 무엇이냐고 물어봅니다. 그러면 저는 한마디로 가루를 연구하는 학문이라 이야기합니다. 그렇습니다. 분체공학은 가루를 다루는 학문입니다. 때로는 입자라고도 이야기하고, 때로는 미립자라고도 하며, 최근 들어서는 나노입자가 주목을 받으면서 나노공학과 같이 섞여 사용하기도 합니다. 하지만 저는 분체공학자이고 가루를 전문적으로 공부하고 연구하고 있습니다.

가까운 일본만 하더라도 가루에 관한 책들이 많이 있습니다. 오래전에 일본의 진보 선생님께서 쓰신 책이 한국에도 번역된 적이 있습니다만, 가볍게 가루에 대해서 접하고 가루에 관심을 가질 수 있는 책이 우리나라에는 없는 것이 많이 안타까웠습니다. 그래서 언젠가는 가루에 관한 책을 꼭 써보아야지 하고 마음먹고 있었는데 운이 좋았는지 제가 그동안 생각하고 고민했던 글들이 이렇게 책으로 나오게 되었습니다.

많은 분들이 가루에 관심을 가져주었으면 하는 자그만 바람으로 이 책을 쓰게 되었습니다. 어떻게 하면 가루라는 것이 여러분에게 좀 더 쉽게 다가갈 수 있을까를 고민하던 중, 일주일을 요일별로 나누어 요일마다 관심을 가질 수 있는 주제로 접근해보고자 하였습니다. 월요일에는 가루가 무엇인지, 화요일에는 가루를 만들어보고, 수요일에는 무서운 가루를 소개하고, 목요일에는 가루를 공부하면서 이론적으로 접근하는 법, 금요일은 우리 주위에서 쉽게 볼 수 있는 가루들, 토요일은 가루를 먹어보고, 일요일은 미래의 가루에 대해서 설명하고자 하였습니다.

그리고 장별로 중간마다 가루박사님이 알기 쉽게 들려주는 가루 이야기를 칼럼 형식으로 삽입하였습니다. 보다 쉽게 가루에 접근하기 위해서 나름대로 적어본 것입니다.

또한 이 책을 쓰면서 많은 국내외 서적들과 인터넷자료들을 참고하고, 국내외 많은 가루 연구자들의 이야기를 나름대로 알기 쉽게 적어보았습니다. 그것을 정리하고 책으로 쓰는 과정에 혹시라도 잘못된 부분이나 여러분이 의문을 가지는 부분도 있을 수 있습니다. 그럴 때는 언제든지 여러분과 함께 고민할 생각입니다.

아무쪼록 이 책을 손에 드신 여러분께 감사하다는 말씀 올리면서, 많은 분들이 가루에 관심을 가져주셨으면 좋겠다는 바람을 다시 한번 말씀드립니다.

감사합니다.

오늘도 가루를 연구하면서……

최희규

◾ Contents

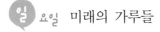

일요일 미래의 가루들

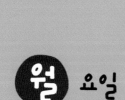 요일

가루란 무엇일까? 가루를 알자!

가루의 크기?

가루를 이야기하는 데 있어서 가루의 크기를 말하는 것이 무엇보다도 가장 중요합니다.

그럼 가루의 크기는 어떻게 나타내고 있을까요?

가루의 크기를 나타내는 단위로 m(미터)나 ㎜(밀리미터) 등이 사용되고 있습니다. 또 우리 눈에는 보이지는 않지만, 아주 작은 물질의 분자크기를 나타내는 것으로 Å(옹스트롬=100억분의 1미터)이라는 단위가 사용되기도 합니다. 뭐 이런 것들은 너무 전문적이라 꼭 아셔야 하는 것은 아닙니다.

가루라는 것은 큰 고체덩어리를 분쇄하여 아주 작게 하거나, 여러 가지 물질들의 분자를 합성하여 조금씩 크게 만드는 것이므로, 크기의 단위로는 ㎛(마이크로미터=100만분의 1미터)나 ㎚(나노미터=10억분의 1미터)라는 단위가 사용됩니다. 하지만 일반인들은 마이크로미터나 나노미터라는 단위가 어느 정도 크기일까 쉽게 예측할 수가 없지요.

예를 들어, 우리가 먹는 곡물을 맷돌로 분쇄하면, 10㎛에서 100㎛ 정도의 가루로 됩니다. 그리고 이것은 손가락으로 집으면 약간 거친 정도로 느낄 수 있습니다. 또한 아주 좋은 고성능의 분쇄기로 부드럽게 갈아주면, 거친 감촉이 없어지게 됩니다. 이것을 대략적으로 말하면 거칠게 느껴지는 정도는 10㎛ 정도가 되면 없어지게 됩니다.

한 가지 더 예를 들어볼까요? 우리가 잘 알고 있는 박테리아는 1㎛ 정도의 크기입니다. 물속에서 박테리아를 걸러주는 정수기 등에서 사용하는 '제균 여과막'이라 불리는 필터는 약 0.2㎛ 정도의 크기인 것이 사용되고 있습니다. 바이러스는 엄밀히 가루는 아니지만, 작은 크기를 이야기할 때 많이 사용하는 것이라 예를 들어보았습니다. 우리가 무섭게 생각하는 에이즈 바이러스는 0.1㎛ 정도로 바이러스로는 제법 큰 편이며, 다른 더 작은 바이러스는 10㎚ 정도인 것도 있습니다.

최근에는 화학적 방법으로 금속이나 도자기와 같은 아주 작은 가루를 제작하고자 하는 시도가 많이 있습니다. 이런 경우 0.1㎛ 이하의 가루를 특히 초미립자라 부르고요, 아주 작은 가루를 모으는 기술이나 가루의 크기를 측정하는 분야에서는 0.1~1㎛ 정도의 가루를 서브미크론 입자라 부릅니다. 이는 최근에 나노입자라고 해서 아주 작은 가루가 주목받고 있습니다.

그럼, 오늘 가루의 크기에 대해서는 여기까지 이야기하고, 앞으로 나노입자에 대해서 뒤에 또 이야기해 보겠습니다.

어디까지가 분자이고
어디까지가 가루인가?

- 분체를 만들 때 중요한 '부착력'

분체, 즉 가루의 집합들이 구성하고 있는 입자는 분자와 원자의 집합으로 서로 간에 부착을 하든지, 응집하여 덩어리를 만들든지 하고 있습니다. 가루를 점점 가늘게 해가면 분자 1개로 되겠지만, 과연 이것을 가루라고 말할 수 있을까요?

예를 들어 어느 물질의 분자를 적당한 용기에 아주 빡빡하게 채워 넣어도 분체층으로는 되지 않기 때문에 어쩐지 분자들의 집합을 분체 또는 가루라 부르는 것은 적당하지 않은 것 같습니다. 그래도 원자나 분자가 많이 응집하여 $1\mu m$ 정도 크기로 된다면 그것은 훌륭한 분체입자라고 할 수 있겠습니다.

그러면 어느 정도가 가루이고 어느 정도가 분자인 것일까요?

돌을 부수면 1㎜ 정도 크기의 모래알이 됩니다. 모래알을 더욱 잘게 부수면 미세한 모래먼지로 됩니다. 이것을 손으로 만져보면 바삭

바삭한 감촉을 느낄 수는 있으나, 눈으로는 그 크기를 잘 알 수 없어, 현미경으로 보지 않으면 안 됩니다. 또한 같은 무게의 모래먼지와 모래알을 각각의 용기에 넣으면 모래먼지 쪽의 높이가 높게 됩니다. 이는 가루의 크기가 작은 것일수록 가루와 가루 사이에 공간이 많이 생기기 때문입니다. 이것을 겉보기 밀도라고 합니다. 같은 물질도 입자의 크기에 의해 겉보기 밀도가 다르게 되는 것입니다.

한편, 가루의 크기가 작게 되면 가루 자신의 무게보다도 가루와 가루 사이의 부착력이 크게 되고, 용기에 들어갔을 때에 스스로의 무게에 의해 가루가 가라앉을 때 서로 들러붙은 가루들이 빠르게 가라앉는 것을 볼 수 있어, 여기서도 부착력의 존재를 알 수 있습니다.

바닷가나 공원의 모래사장에서 놀고 난 후 손을 털면 모래알은 간단하게 떨어지지만, 모래먼지는 떨어지지 않고 바삭바삭한 감촉이 남아 있게 됩니다. 이것은 손을 턴다는 행위로 생겨나는 충격력이 모래알의 부착력보다는 크고, 모래먼지의 부착력보다는 작다는 것을 의미하고 있습니다. 물론 모래가루의 크기에도 중요한 영향을 받습니다. 어쨌든 이런 현상들의 공통점은 가루들의 움직임에 부착이라는 현상이 존재하고 있는 것입니다.

가루끼리 또는 가루와 주위의 물질(장치의 벽이나 사람의 손)이 들러붙는 것이 가루, 즉 분체의 중요한 특성이며, 분자와 고체의 사이에 나타나는 부착력의 제어가 가루를 다루는 분체공학의 중요한 과제인 것입니다.

가루의 크기는
어떻게 결정될까?

　같은 재질의 직경 100㎛의 구형인 가루와 한 변이 80㎛의 정육면체 가루 중에 어느 쪽이 더 클까요? 부피로 비교하면 직경 100㎛의 구형이 당연히 큽니다. 하지만, 표면의 면적은 80㎛ 정육면체가 큽니다. 100㎛의 구형의 가루는 101㎛의 구멍을 어떤 경우라도 통과하지만 80㎛의 정육면체는 통과할 수 없는 경우가 있어 대소 관계가 변하게 되는 수도 있습니다.

　본 책에서는 가루의 크기를 ○○㎛라는 입자경으로 표현하고 있습니다. '경(徑)'이라는 것은 일반적으로 직경을 이야기하지만, 직경을 정의할 수 있는 것은 구형의 입자에 한하고 있습니다. 어쨌든 우리들이 다루는 가루의 입자는 대부분 구형이 아니라, 복잡하면서 불규칙한 형상을 하고 있습니다. 따라서 불규칙한 가루의 크기를 구의 직경으로 환산해 사용하고 있습니다. 그 대표적인 세 가지로, ■ 현미경으로 측정하는 방법, ■ 액체 중에서 입자의 이동속도에서 환산, **3** 빛과 가루와의 상호작용에서 환산하는 방법이 있습니다.

그렇기 때문에, 입자경을 환산할 때 측정원리가 다르면 당연히 얻어지는 입자의 크기도 달라집니다. 그래서 '어느 것이 진짜의 입자경일까?'라는 질문을 받기도 하지만, 실제도 완전한 구의 형태 가루가 아닌 다음에야 진짜의 입자경은 없다고 할 수 있습니다. 따라서 불규칙한 가루의 입자 크기를 이야기할 때는 반드시 측정방법을 써주어야 합니다. 또한 측정장치에 의해서도 차이가 날 수 있어, 측정법의 표준화가 진행되고 있고 그것에 맞추어 각 제조업체 메이커에서도 장치의 계량이나 측정법의 개선을 위해 노력하고 있습니다.

끝으로 입자경을 표시하는 경우에는, 한 개의 입자가 아닌 경우 가루 여러 개가 집합적으로 존재할 경우 그 가루집단을 대표할 수 있는 대표 크기인 대표경과 가루들이 크기별로 분포하고 있는 분포의 폭이 중요합니다. 또한 가루를 다루는 데 있어서는 아주 크기가 작은 가루들이 그 대상이 되므로, 한 개의 큰 가루가 있을 때 모든 가루 크기의 평균을 내는 것은 의미가 없습니다. 따라서 입자를 크기별로 나열했을 때, 맨 가운데 서 있는 크기인 중위경(50%경)을 대표크기로 하는 것이 바람직한 것으로 되어 있습니다.

구가 아닌 불규칙한 크기의 가루 크기를 정의하는 것 또한 한 개의 입자가 아닌 집합적으로 존재하는 가루들의 크기를 이야기하는 것이 그리 쉬운 일인 것만은 아닌 것 같습니다.

나노 크기 가루를 재어보자

– 측정은 어렵다

최근에 가장 주목받고 있는 것이 나노 크기의 입자입니다.

그럼, 나노 크기란 무엇일까요?

10^{-9}m, 0.000000001m, 0.0000001㎝, 0.000001㎜, 0.001㎛…….

우선, 나노 크기의 가루들이 왜 중요한지는 다음에 살펴보기로 하고, 나노 크기라고 하면, 수 나노미터에서 수십 나노미터 크기의 가루를 말하는 것입니다.

앞서 월요일 3장에서 입자 크기를 결정하는 방법에 어떤 것이 있다는 설명을 했었습니다. 하지만, 일반적인 가루와는 달리 정말 작은 크기의 가루인 나노입자는 조금 다른 장치들을 사용해서 그 크기를 측정하여야 합니다.

우선 현미경 측정으로는 투과전자현미경(TEM)으로 직접 관찰하는 방법이 있습니다. 정확하게 측정하기 위해서는 크기가 알려진 표준이 되는 물질을 사용할 필요가 있습니다. 또한 흐르는 유체 상태로 이동하면서 측정하는 방법으로 DMA(Dynamic Mechanical Analysis) 법이라는 것이 있습니다. 이 방법은 우선 나노 크기의 입자에 전하를 주고, 전하를 받은 나노입자는 반대의 전하를 가진 전극에 당겨져 이동하게 됩니다. 이때 전극 방향으로의 이동속도는 입자경이 작을수록 빠르게 되고, 이런 원리에 의해서 입자의 크기를 측정할 수 있게 되는 것입니다. 이 방법으로는 약 1㎚ 정도까지의 측정이 가능합니다.

또 하나의 방법으로는 빛과 가루와의 상호작용을 이용한 방법으로 동적광산란법(DLS, Dynamic Light Scattering)이라는 것이 있습니다. 이름이 조금 어렵지만 간단하게 설명하면, 입자가 작아지면 자기들 마음대로 움직이는 브라운운동이라는 것을 하게 됩니다. 이럴 경우 움직이는 나노입자군에 레이저 빛을 쬐어 빛이 흩어져 산란해 가는 빛의 강도의 변동량을 측정하는 것입니다.

가루의 크기가 작으면 작을수록 변동이 격렬하게 되기 때문에 주파수 분석이나 상관관계(자기 또는 상호)를 계산하는 것에 의해 입자경으로 환산할 수 있습니다.

현재는 아주 작은 나노 크기 가루의 정확한 크기를 측정할 수 있는 장치들이 개발되고 있으며, 또한 많은 연구자들이 보다 더 정확한 크기를 구할 수 있는 장치개발에 매진하고 있습니다.

하지만, 나노 크기 가루의 정확한 크기를 측정하는 것은 정말 어려운 일입니다.

크기가 작으면 잘 붙는다

작은 가루가 손에 잘 들러붙는다는 것은 여러분들도 잘 알고 있을 것입니다. 가루가 몸에 들러붙는 것은 반데르발스력(분자간력)이라는 힘과 정전기적 부착력 그리고 액가교력이라는 힘들이 원인입니다만, 너무 어려운 용어라 여러분들이 다 아실 필요는 없습니다.

하지만 여기서 간단히 설명을 드리면, 반데르발스력이라 함은 물질들을 구성하는 전자의 운동에 의해 분자들 서로 간에 발생하는 힘입니다. 정전기적 부착력은 글자 그대로 정전기를 가진 입자의 경우에 발생하므로, 많은 경우 정전기에 의해서 입자들이 들러붙곤 합니다. 액가교력이라는 것은 입자들 사이에 눈에 보이지 않는 수분의 표면장력에 의해서 생기는 부착력입니다. 부착력은 실온에서는 습도가 거의 50%에서 급격하게 나타나게 됩니다. 우리가 어릴 때 손에 침을 묻혀 설탕을 찍어 먹는 원리와 같다고나 할까요?

가루들의 부착력을 측정하는 방법도 있습니다. 가루 하나의 부착력 측정법과 가루들이 모여 있는 상태에서의 부착력 측정법이 있습니다. 1개 입자의 측정법은 원심분리법으로 측정하는데, 입자를 기판에 부착시켜, 원심분리할 때에 작용하는 원심력에서 구하는 방법입니다. 회전수와 함께 현미경 사진을 촬영하고, 기판에서 떨어져 나온 입자들의 개수를 헤아려 기판부착입자의 50%가 분리할 때의 원심력을 평균부착력으로 정의해서 구하는 것입니다. 하지만 이것은 시간이 많이 걸리는 단점이 있습니다.

가루들이 모여 있는 상태(분체층)에서의 부착력은 분체층을 잘라서 그때 가루들 사이의 빈 공간에 대해서 단위 단면적당의 부착력을 구하는 방법이 있습니다.

그런데 왜 가루들은 작으면 작을수록 잘 들러붙을까요? 우리 주위에 가루들을 보면 흙이나 밀가루, 분필가루 등을 보면 아주 크기가 작은 가루는 잘 떨어지지 않고 어떨 때는 씻어도 잘 씻어지지 않습니다. 이는 가루의 무게가 다른 물질과 붙는 힘(부착력)보다 크면 잘 떨어지는데 작은 가루는 부착력보다 힘이 적기 때문에 잘 떨어지지 않는 것입니다.

우리 일상에서 가루가 들러붙어 있는 것에도 분체공학이 숨어 있습니다.

가루는 '표면'에서 결정된다

- 크기가 작을수록 표면이 지배적이다

가루가 점점 그 크기가 작아지면 작아질수록 가루표면의 영향력은 커지게 됩니다. 그럼 왜 가루에 있어서 표면이 중요한 것일까요? 모든 고체물질은 반응을 하기 위해서는 표면에서부터 반응을 시작하기 때문입니다.

우선, 한 가지 예를 들어 가루의 표면이 물에 젖기 쉬운 친수성일까, 기름에 젖기 쉬운 소수성(친유성)일까 하는 것은 가루를 이용하는 경우 매우 중요한 특성입니다. 기름 안에서 가루를 분산시키는 경우 가루표면이 친수성의 경우에는 가루끼리 응집하고 분산성이 나쁘게 됩니다. 이럴 경우 가루의 표면을 알코올이나 계면활성제 등으로 처리하여 소수성으로 만든 다음 분산성을 향상시키면 기름 속에서 가루는 잘 분산하게 됩니다.

본 장에서는 가루의 친수성과 소수성을 측정하는 방법을 설명하고자 합니다. 우선 가루가 물과 기름 중 어느 쪽에서 잘 분산하는가를 판별하는 방법이 있습니다. 시험관에 물과 기름을 주입하고, 그

비중 차에 의해서 기름이 위쪽, 물이 아래쪽에 남게 됩니다. 그 시험관에 측정하고 싶은 가루를 적정량 투입하고, 시험관의 입구를 막고, 상하로 흔들어봅니다. 친수성의 경우에는 아래쪽의 물에 가루가 분산되고, 그 반대의 경우에는 위쪽의 기름에 가루가 분산됩니다. 이 경우 역시 가루의 아주 재미있는 특성 중에 하나인 것입니다. 아주 정확하게 정량적으로 판단할 수는 없지만, 가루가 친수성인지 소수성인지는 어느 정도 판단할 수 있습니다.

또한, 가루를 담은 용기에 가스를 주입해서 가루의 표면에 가스가 들러붙는 양을 측정하면, 가루표면의 크기를 측정할 수도 있습니다. 거기에 덧붙여 비표면적의 측정을 행할 때, 가스의 종류를 달리하여 질소가스와 수증기로 행하고, 질소가스를 이용하여 측정한 비표면적과 수증기를 이용하여 측정한 비표면적의 비를 가지고, 가루의 친수성 지표로 하는 것도 가능합니다.

그리고 물에 대하여 젖음성을 측정하는 방법도 있습니다. 가루가 쌓여 있는 층에 접촉각을 측정하는 것으로, 접촉각 측정에는 **1** 가루를 압축시킨 층의 평평한 위 표면에 물방울을 떨어뜨려, 물방울의 접촉각을 측정하는 방법과, **2** 가루층에 형성시킨 모세관 중에 물이 침투하지 않는 것과 같게 하기 위해서 필요한 압력에서 구하는 방법이 있습니다.

결국 가루가 제 역할을 하기 위해서는 표면이 어떤 특성을 가지는지 알아보는 것이 매우 중요합니다. 하지만, 그 특성을 파악하는 것은 매우 어려운 일이기도 합니다.

우리 주변의 가루 이야기

여러분,

언제나 새 학기가 시작되면 새로운 교실에서 새로운 선생님, 새로운 친구들과 함께, 그리고 새로운 책으로 공부를 하게 되어서 마음이 설레지요? 그러면 이 글을 새 학기가 시작되는 기분으로 만나보면 어떨까요? 새로운 마음으로 열심히 공부하고, 새로운 친구들이랑 사이좋게 지내면서 공부도 열심히 하는 다짐을 한다면, 가루박사님이 분체, 즉 가루에 대해서 여러분에게 재미난 이야기를 해주려고 합니다. 여러분이 관심과 흥미를 가지고 들어주어야 박사님도 신이 나서 재미있게 이야기해줄 것입니다.

자, 그럼 가루에 대해서 이야기를 시작해볼까요?

이 세상의 모든 물질은 흔히 고체, 액체, 기체의 3가지로 분류되고 있는 것은 알고 있지요? 그런데, 가루박사님은 거기다가 하나를 더 추가하고 싶습니다. 그것은 바로 '분체'라고 불리는 제4의 상태지요. 분체라고 하면 어렵게 생각하는 친구들이 많이 있을 것 같아서, 지금부터는 분체라는 말을 '가루'라는 말로 바꾸어놓고 이야기를 하려고 합니다. 이제는 훨씬 알기 쉽지요? 좀 더 쉽게 이야기해 볼까? 고체와 액체, 고체와 기체의 가장 큰 차이점이 뭘까요? 고체는 딱딱하면서 움직이지 못한다는 것, 액체는 마음대로 흘러다닌다는 것, 기체는 아주 적은 힘에도 움직일 수 있다는 것이 가장 큰 차이겠지요. 여기서, 분체라는 것은 '고체이면서 부드럽게 움직이는 물질'이라고 말할 수 있습니다.

자, 그러면 우리가 일상생활에서 만나는 가루와 분체공학을 응용한 여러 기술들에 대해 살펴보기로 합시다.

분체, 즉 가루라는 것은 우리가 생활하는 주변 가까운 곳에 많이 존재하고 있습니다. 그렇기 때문에, 항상 우리 옆에 있어서 그 중요성을 잘 느끼지 못하는 공기나 물처럼, 사람들은 가루 또한 왜 중요한지, 무엇이 중요한지를 잘 모르고, 느끼지도 못하고 있는 것 같습니다. 우리 일상생활에서 사용하는 거의 대부분의 물질들을 만들기 시작할 때는 가루상태에서 출발하거든요. 그리고 제품으로 사용할 때도 많은 제품들이 가루로 되어 있는 것을 여러분도 잘 알고 있을 것이라 생각합니다. 따라서 박사님은 모든 제품은 가루에서 시작해서 가루로 끝난다고 말하고 싶어요. 먼저 우리들이 생활하는 데 가장 기본이 되는 의식주생활에서 가루는 빼놓을 수 없는 필수요소로 작용하고 있고, 최근에는 사람들이 좀 더 좋은 것을 사용하고 싶은 마음이 커지면서, 화장품, 의약품, 가전제품 나아가서는 화학무기에 이르기까지 분체기술, 즉 가루 의 응용분야는 끝없이 발전해 나아가고 있습니다.

　그럼, 도대체 가루가 어디에 있는지 한번 알아볼까요?

　우리가 아침에 눈을 뜨면 이 를 닦고 세수를 하지요. 이를 닦을 때 쓰는 치약이 원래 가루에서 출발한 것이라면 여러분은 놀라지 않을까요? 치약을 손 위에 조금 짜서 비벼보면, 치약이 가루로 되어 있다는 것을 금방 알 수 있습니 다. 아주 오래전에는 가루치약이 있었다는 사실을 할머니, 할아버지 는 알고 계실 것입니다. 그리고 엄마나 아빠가 좋아하시는 커피가 가루로 만들어져 있다는 것은 너무 잘 알고 있을 것이고요. 여러분 이 좋아하는 빵과 과자가 원래 밀가루에서 출발하여 빵과 과자가 된 것이라는 것은 다시 한 번 이야기하지 않아도 잘 알고 있겠지요.

　그리고 밖에서 놀다 더러워진 옷을 빨 때도 가루세재를 사용하곤 하지요. 또 우리 생활 가까운 곳에서 분체기술을 응용한 예를 좀 더 들어보면, 자동차 안에서 음악을 듣거나, 영어회화를 공부하는 테이 프에도 가루들이 코팅되어 있으며, 재미있는 영화를 감상할 수 있는 비디오테이프도 역시 마찬가지입니다. 그리고 회사나 학교에서 늘 사용하는 복사기의 토너, 프린터의 잉크 등이 모두 가루로 되어 있 지요. 그뿐만 아니라, 우리가 일상생활에서 늘 옆에 두고 사용하는 각종 종이에도 미세한 크기(인간의 눈으로 볼 수 없는 크기)의 돌가루가 들어 있습니다. 이 돌가루들이 종이 안에 들어가서는 종이의 품질을 높이고, 색을 다르게 하기도 하거든요. 그리고 요즘 들어서 아빠가 드시는 고급술의 하나로 애주가들이 많이 찾는 '금술'이라는 것이 있는데, 술 안에 금가루가 들어 있는 것이지요. 이것 역시 분체기술이 적용된 예입니다. 특히, 엄마들이 좋아하는 화장품인 립스틱, 매니큐어, 파운데이션 모두 분체기술이 응용된 것으로, 화장품을 만들 때는 가루의 역할이 무엇보다도 중요하다고 할 수 있습니다. 또한 최근 집에서 많이 키우는 애완동물들의 사료를 잘 살펴보면, 역시 가루를 뭉쳐놓은 분체의 조립기술을 적절히 응용한 것이지요.

여러분,

우리가 흔히 가늘다는 것을 말할 때 '머리카락 같이 가늘다'라는 이야기를 하지요? 그러면 사람의 머리카락의 굵기는 어느 정도 될까요? 사람의 머리카락의 굵기는 대게 $100\mu m$($1\,mm$의 1/10) 전후입니다. 이 크기는 사람이 맨눈으로 볼 수 있는 가장 작은 정도이지요. 그래서 가루를 이야기하고자 할 때 이 머리카락의 굵기에서부터 이야기하는 경우가 많습니다. 가루를 연구하는 사람들은 '가루로 하면 모습이 사라진다', '가루로 하면 무엇이라도 먹을 수 있다'는 말을 하거든요. 이 이야기는 사람이 눈으로 볼 수 있는 한계를 이용하여 가루의 각종 현상을 설명하는 좋은 사례라 할 수 있지요. 예를 들어 우리가 흔히 시멘트의 원료로 알고 있는 석회석은 곱게 갈아서 가루로 만들면 여러 가지 식품의 씹는 맛을 좋게 하는 원료로 사용되는데, 예를 들어 우리가 즐겨 먹는 소시지에도 아주 적은 양의 석회석이 들어갑니다. 이것은 석회석이라는 돌덩어리가 점점 작아져서 결국에 모습이 사라진 것 같이 되어서 우리가 먹을 수 있게 되는 대표적인 경우인 것입니다. 따라서 최근 새로운 소재라 불리는 여러 가지의 재료들 중에도, 그 중간단계의 물질을 살펴보면 대부분이 가루로 만들어져 다루어지고 있으며, 알고 보면 가루를 다루는 기술은 지금까지 인류의 생활과 산업을 뒷받침해온 기초가 되는 기술이라고 할 수 있지요.

그러면 가루를 다루는 기술이 발전한 역사에 대해서도 잠깐 알아보도록 할까요?

오디오, 비디오의 자기테이프는 물론, 컴퓨터의 플로피디스켓까지 일상생활에서 여러 가지 정보를 기억하는 곳에는 미세한 가루가 존재한다고 했습니다. 자기테이프는 무수히 많은 가루자석이 하나하나 서로 떨어져 테이프 위에 쌓여 일정방향으로 정렬되어 있습니다. 그 가루자석을 감마-페라이트라고 하며 입자의 크기를 가능한 균일하게 한 뾰족한 모양의 가루들 집합이지요. 가루 크기가 0.5~0.3μm인 이 마법과 같은 미세한 가루자석은 1947년에 '침상결정 감마-페라이트 제조'의 발명특허가 나온 이후로 20여 년간의 연구 끝에 제품으로 개발되었고, 50여 년이 지난 지금도 그 기술개발이 계속 진행되고 있습니다. 또한, 우리가 흔히 사용하는 전자복사는 검은 가루로 똑같은 모양의 글자를 쓰고, 그림을 그리게 되는데, 복사기의 역할이 이 가루를 기계적으로 아주 균일하게 그 농도를 조절하여, 있어야 할 곳에만 있게 만드는 것입니다. 전자복사의 원리는 1939년 미국의 칼손이 발명하여 1944년 바톨메오리얼 연구소가 실험연구를 개시해서 1950년에 상품화되었습니다. 전자복사에 사용하는 가루에는 각 회사마다 다양한 노하우가 숨겨져 있으며, 세세한 것은 알기 어려운 일이지만, 전자복사에 사용되는 분말의 크기는 5~20μm의 크기로 조절해야 하며 5μm 이하 크기의 입자와 20μm 이상의 입자를 걸러내는 기술은 아주 어려운 기술에 속합니다.

어때요? 우리 일상생활에서 가루를 벗어나서는 아무 것도 할 수 없을 만큼 가루는 우리에게 가까이 있지요? 그런데, 이런 가루의 중요성을 제대로 알지 못하는 사람들이 너무 많은 것 같아 박사님은 마음이 아프답니다.

여러분, 지금부터라도 많은 사람들에게 우리 주위에 수많은 것들이 가루로 이루어져 있다는 사실을 널리 알리고, 많은 사람들이 좀 더 가루에 가까이 다가가서 분체기술, 분체공학이 보다 많은 새로운 기술 분야에 응용되고, '마이더스의 손'으로 변할 수 있도록 관심을 가져주었으면 합니다. 우리 일상생활에서 많이 쓰이는 가루의 기술이 적용된 분야를 소개하면서 오늘 이야기를 마치겠습니다.

그럼, 안녕.

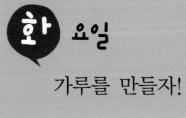 요일

가루를 만들자!

가루를 만든다

- 고체를 분체로

고체를 부수어서 작게 만드는 조작이 있습니다. 이것을 분쇄조작이라 말합니다. 이 분쇄조작의 기원은 아주 오래전에 밀의 알갱이를 부수어 밀가루로 만들어 먹을 수 있게 한 것이 맨 처음 분쇄조작이라고 말하고 있습니다.

이집트 문명시대의 벽화에는 돌판에 밀가루를 펼쳐 롤러와 같은 돌로 분쇄하고 있는 모양의 그림이 그려져 있습니다. 예전의 사람들은 아마 몸 전체를 사용하여 롤러에 체중을 실어 밀가루를 분쇄하였을 것입니다. 좋은 밀가루를 만드는 방법 중 당시의 노하우(know-how)는 '작업자의 체중이 얼마나 무거워야 하는가?', '롤러의 회전을 몇 바퀴 해주어야 하는가?' 하는 것이었을지도 모릅니다.

이러한 롤러가 나중에 맷돌로 개량되었다고 할 수 있습니다. 최근에는 민속촌에나 가야 볼 수 있는 것이 맷돌이지만, 필자가 어렸을 때만 하더라도, 콩국을 만들거나 두부를 만들 때 맷돌을 사용하는 것을 흔히 볼 수 있었습니다. 맷돌이야말로 분쇄기의 원조라고 할 수 있을 것입니다. 맷돌은 윗돌과 아랫돌로 되어 그 사이에서 생기는 힘으로 밀이든 콩이든 부수는 도구입니다. 맷돌은 사실 앞서 이야기한 롤러와는 달리 체중을 실을 필요가 없고 윗돌을 손으로 회전시키는 것뿐이므로 누가 작업을 하여도 똑같은 성질의 가루가 만들어진다는 점에서 획기적인 분쇄기가 아닐 수 없습니다. 뿐만 아니라 이전보다 다량으로 가루를 만들 수 있다는 점에서, 공업적 관점으로는 혁신적인 기술이라 말할 수 있을 것입니다.

사실 가루를 만드는 것은 거의 맷돌의 원리라고 해도 과언이 아닙니다. 사람의 힘으로 회전시키는 부분을 물의 힘으로 부수게 하는 수차나 바람의 힘을 이용한 풍차 등이 나중에 밀가루를 대량 생산하는 제분공장에서 사용됐고 결국에는 자동화하는 단계에까지 이르게 된 것입니다.

그 뒤, 생산능력을 향상시키기 위해서 롤러형 분쇄기가 만들어졌고, 이 분쇄기는 두 개의 금속제 롤러가 서로 안쪽을 향하여 회전하고 그 사이에 원료를 공급하여 롤러의 압축력과 전단력에 의해 분쇄물이 얻어지게 하였습니다. 현대의 제분공장에는 대부분 롤러형 분쇄기가 이용되고 있으며, 가루의 크기를 분리하는 체분리장치와 함께 조합되어 자동화되어 있어, 거의 대부분 무인으로 운전되고 있습니다.

최근에는 현재 딱딱한 볼과 함께 분쇄하는 분쇄기(ball mill)나 고

압공기에서 분쇄하는 제트밀(jet mill) 등 분쇄조작은 식품공업뿐만 아니라 요업이나 금속 등의 무기화학공업 또는 폴리머 등 유기화학공업 등 여러 분야에 응용되어 실용화되고 있습니다.

전 세계에서 사용하는 에너지의 2%는 가루를 만드는 데 사용하고 있으며, 모든 제품의 제조원점은 분쇄기술부터 출발하는 것입니다.

물리증착법으로 가루를

– 플라즈마의 이용

파인 세라믹스의 분야에서는 우리가 다루고자 하는 소재들을 아주 가늘게 미세한 가루로 미립자화함에 따라 물질의 전자기적인 특성을 향상시키거나, 구조용 재료로는 강도의 개선을 나타내는 것 등 물질의 성능을 다양하게 향상시키는 일들이 시도되고 있습니다. 그렇지만, 이들의 물질은 일반적으로 매우 딱딱한 것이 많고 분쇄기술로 아주 작게 미세화하는 경우 여러 가지 곤란한 경우가 많습니다. 예를 들어, 이전의 분쇄기에서는 장시간 분쇄를 계속하거나 분쇄기를 구성하는 물질에 의해 오염될 수도 있고, 생각보다 많은 에너지가 투입되어야 하는 등의 문제가 있기 때문에 이러한 방법으로는 한계가 있기 마련입니다.

그래서 알코올과 같은 가스를 고주파 자장에서 들뜬 상태로 하게 되면, 원자나 전자를 흩어지게 하는 것이 가능하게 됩니다. 이러한 상태를 플라즈마라 부르고, 약 1만℃ 고온상태를 만들어낼 수 있습니다. 이 정도의 온도에서는 대부분의 물질은 기체 상태로 증발하여 가스화해 버리는 경우가 많습니다. 이러한 방법을 이용하여 분쇄하기 어려운 딱딱한 물질을 아주 작게 만드는 방법이 개발되고 있습니다.

반응기 한가운데에서 플라즈마 불꽃을 만들고, 원료분체 즉 어느 정도 크기가 큰 가루를 공급합니다. 고온의 가스 부분에서 증발한 물질들은 반응기의 출구로 향하고, 온도가 낮은 영역에서 과포화로 된 물질은 응축을 시작해 고운 입자가 됩니다. 이 방법은 다른 말로 고체를 물리적으로 가스화하는 방법이라는 것으로 물리증착법(PVD, Physical Vapor Deposition)이라 부르고 있습니다. 물론 물리증착법은 다양한 종류의 방법이 행해지고 있으며 이 방법도 그중에 한 가지입니다.

플라즈마의 불꽃은 온도분포가 있고, 반응기 내부에서의 가스 흐름을 완전하게 제어할 수 있다는 것만은 아니므로 입자의 크기에 분포가 드러난다는 결점이 있기는 합니다. 그렇지만, 녹는점과 끓는점이 높고 좀처럼 가스화하기 어려운 물질에는 사용하기 좋은 방법이라 할 수 있겠습니다. 주로 끓는점이 높은 세라믹스가 이 방법을 사용하는 대상이 되고, 수십 나노미터 초미립자를 생성할 수 있습니다.

입자경이나 입자의 표면상태가 가능한 한 균일한 초미립자를 얻기 위해서는 플라즈마의 불꽃을 제어하는 기술이 더욱 필요하고, 원료로 되는 소재(통상 분체인 것이 많다)를 가능한 한 응집 없이 일정하게 공급할 수 있도록 하는(예를 들어, 공급 속도를 일정하게 유지하는 등의) 것이 중요합니다.

결국 가루를 만드는 방법에는 다양한 방법이 있다는 것을 알 수 있습니다.

화학증착법으로 가루를

— 기체 중의 화학반응

일반적으로 가루를 만드는 방법은 분쇄법을 통해서 만드는 것입니다. 하지만 균일한 가루를 만든다거나, 정밀한 가루를 제어해야 할 필요성이 있는 경우에는 분쇄법으로 가루를 만들면 몇몇 문제점이 발생하기도 합니다.

우선 생성된 미세한 가루들은 크기가 균일하지 않아, 거친 입자도 있으면서, 미세한 입자도 혼재되어 있습니다. 또 다른 문제는 분쇄를 행하는 중에 어떻게든지 분쇄기의 부품, 예를 들어 햄머밀의 경우 햄머의 재질이나, 볼밀의 경우 볼의 소재가 마모하여 분쇄물에 이물질로 혼입될 수 있다는 것입니다. 대체로 우리가 사용하는 분쇄기는 철이나 스테인리스 스틸이 사용되고 있기 때문에, 눈에 보이지는 않지만, 아주 미세한 철분이 최종 생산되는 가루에 혼입될 수도 있을 것입니다.

특히 파인 세라믹스를 제조하는 경우 최종적으로 소결할 때에 철분 등의 불순물의 혼입은 재료를 만들었을 경우 강도의 저하로 이어지기 때문에, 가능한 한 불순물이 혼입하지 않게 하지 않으면 안 되는 것입니다. 그래서 최근에는 분쇄기를 강도와 경도가 높은 파인 세라믹스화하는 것이 시도되고 있으나, 분쇄기 전체를 100% 세라믹스화하는 것은 현재로는 불가능하기 때문에 아주 어려운 문제입니다.

한편으로는 연마제용의 탄화규소분체를 제조하는 공정에서는 볼밀로 재료를 분쇄한 후, 염산으로 철분을 흘러내리게 하는 경우도 있습니다.

따라서 정밀하게 우리가 만들고자 하는 가루의 크기가 제어되고, 또한 불순물이 섞이지 않은 고순도의 제품을 원하며, 게다가 가루입자의 형상까지 제어하는 미분체를 만들기 위해서 원자나 분자에서 시작하여 분체입자를 만들어내는 방법이 기대되고 있습니다. 예를 들어 출발원료를 기체로 하면, 분자나 원자의 상태에서 응축, 증발을 동반한 화학적으로 복잡한 과정을 거쳐서 아주 균일하고 미세한 가루입자를 만들어낼 수 있을 것입니다.

예를 들어 광촉매나 센서의 소재로 주목되고 있는 이산화티탄(타이타니아)의 초미립자를 만든다고 가정해보겠습니다. 출발원료로 사염화탄소는 실온에서는 액체상태지만, 압력이 높은 상태에서 공기에 접촉하면 바로 화학반응이 일어나서 타이타니아의 백색연기가 발생하게 됩니다. 이 반응을 수백도의 고온에서 행하면 수십 나노미터 정도의 매우 미세한 가루입자를 만들 수 있습니다.

분자 원자 레벨에서 증발응축을 이용하여 미립자를 제조하는 방법을 화학증착법(CVD, Chemical Vapor Deposition)이라 합니다.

카본나노튜브
(CNT, Carbon Nano Tube)

- 나노테크놀로지의 대표선수

요즘은 나노테크놀로지 시대입니다. 우리가 일상생활을 하면서 나노라는 말을 한 번쯤 안 들어본 사람이 없을 지경입니다. 앞 장에서 카본나노튜브를 만드는 방법에 관해서 말씀을 드렸습니다. 이번 장에서는 카본나노튜브가 무엇이며, 어떻게 쓰이고 앞으로 어떻게 발전해나갈 수 있는지 간단하게 언급하려고 합니다. 왜냐하면 탄소나노튜브도 궁극적으로는 가루이기 때문입니다.

탄소는 불가사의한 원소입니다. 탄소끼리의 결합된 물질들은 다루는 방법에 따라 다이아몬드, 그라파이트, 흑연이 됩니다. 이것은 화학적으로 탄소가 다른 분자와 결합할 수 있는 네 개의 손을 갖고 있기 때문에 가능하게 되는 것입니다. 그런데 어느 날, 그 탄소군에 새로운 형태가 발견되었습니다. 그중에 하나가 풀러렌 C60과 또 하나는 카본나노튜브입니다. 풀러렌(Fullerene)은 분자지만 카본나노튜브는 튜브모양을 가진 탄소덩어리로, 겉 표면이 단층인 단층 나노튜브(Single Wall Carbon Nano Tube)는 직경이 거의 0.7㎚입니다. 아마 지구 상에 존재하는 크기가 가장 작은 미립자라고 말해도 과언이 아닐 것입니다. CNT는 CNT 표면의 탄소층수에 따라, 단층(Single Wall), 다층(Multi Wall) 나노튜브가 있습니다.

카본나노튜브는 일본 이이지마스미오(飯島澄男) 박사가 1991년에 투과전자현미경 관찰로 발견한 물질로 그 이후에 현재까지 가장 주목되고 있는 물질의 한 가지입니다. 그렇다면 눈에 보이지도 않는 이 작은 탄소가루가 왜 주목받고 있는 것일까요?

우선은 발견되었던 시기와 특이한 형태 그리고 CNT만이 가지는 특이한 물성에 관계하고 있습니다. 풀러렌이 발견되어, 세계의 연구자가 새로운 탄소과학이 싹튼다고 예감하는 시기에 새롭게 나노미터의 튜브상 물질이 발견되었던 것입니다. 또 하나는, 그 형태와 물성입니다.

단층 나노튜브에 관해서는 그 직경과 튜브가 말린(꼬인) 방법에 의해 금속으로 되거나 반도체로 되거나 하는 것이 예측 가능하게 됩니다. 지금까지 다른 탄소에서는 볼 수 없었던 성질을 가진 특별한 성질을 가진 탄소인 것입니다. 또, 결함이 적은 튜브상 결정구조를 하고 있고, 강도 등이 종래의 카본파이버를 능가하는 것이라 생각되기 때문입니다. 또한, CNT는 예리한 끝을 가지고 있기 때문에 전자방출재료로 '플랫 패널 디스플레이(FPD, Flat Panel Display)'에의 응용이 기대되고, 전 세계에서 제품화의 경쟁이 행해지고 있습니다. 우리나라에서도 수년 전부터 각종 국가 프로젝트로 연구개발이 진행되고 있습니다. 그리고 최근에는 미량을 고분자 등에 첨가하여 전도성을 가지게 하는 등, 복합재료로써의 이용에 관해서도 활발히 연구가 진행되고 있습니다. 필자도 최근 알루미늄과 CNT 복합재료의 연구를 수행하고 있으며, 좋은 성과가 기대되고 있습니다.

결국 이러한 재료개발에 관한 연구 등도 결국은 분체의 표면처리 기술 등이 이용되고 있으며, 따라서 CNT를 다루는 것도 가루를 다루는 기술인 것입니다.

카본나노튜브를 만든다

- 아크방전법과 CVD법

최근 주목받고 있는 것이 카본나노튜브(CNT, Carbon Nano Tube)입니다. CNT 역시 가루의 일종으로 분류할 수 있으며, 만드는 방법도 여러 가지가 있습니다. 최근에는 CNT를 만드는 방법을 가지고 많은 논문이 만들어지는 등 아마도 21세기에 가장 주목받는 소재라 아니할 수 없을 것입니다.

따라서 CNT를 만드는 방법은 여러 가지가 보고되고 있지만, 여기에서는 대표적인 아크방전법과 화학기상합성법(CVD)을 소개하고자 합니다. 앞의 장에서 CVD법으로 가루를 만드는 방법을 간단하게 소개하였습니다만, 이번에는 CNT만을 만드는 방법을 말씀드리고자 합니다.

우선 아크방전법은 헬륨분위기에서 그라파이트 전극 사이에 80V 정도의 직류전압을 인가하여, 100A 정도의 전류를 흐르게 합니다. 전극 사이에 방전이 발생하고, 양 전극의 그라파이트가 증발하여,

일부는 음극상으로 퇴적하고, 그 외의 부분은 가스상의 그대로 날아올라 장치의 내벽에 들러붙게 됩니다. 이것은 CNT, 그라파이트 그리고 흑연으로 되어 있는 혼합물인 것입니다. CNT는 음극 퇴적물의 표면에는 대부분 존재하지 않고, 내부에만 존재하게 되고, 고온상태가 계속되면 열역학적으로 안정한 그라파이트로 변화하기 때문입니다. 이때 얻어진 CNT는 CNT 표면의 층이 다층으로 이루어진, 다층 CNT(MWCNT, Multi Wall Carbon Nano Tube)입니다.

CNT 표면의 층이 단층으로 이루어진, 단층 CNT를 만드는 데는 그라파이트 양극에 철 등의 금속을 넣어둡니다. 그러면 철 자체도 아크방전에 의해 증발하게 되고, 시간이 지나면서 응축 이후에 초미립자로 되면서 함께 증발한 탄소를 용해하게 됩니다. 이때 철의 냉각과정에서 철 중에서의 탄소 용해도가 감소하고, 석출할 때에 단층 CNT를 생성하게 되는 것입니다. 하지만 아크방전법은 설명해드린 바와 같이 전극이 필요로 하는 등 대량생산에는 알맞지 않은 방법입니다.

한편, CVD법은 아세틸렌 등의 가스 또는 온실에서 액체인 벤젠의 증기 등을 철이나 니켈 촉매 등에 의해 탈수소하는 것에 의해 만들 수 있습니다. 철은 예를 들면 페로센(Ferrocene)이라는 유기화합물을 증발시켜 반응장치에 도입하게 합니다. 또, 초미립자 촉매 등을 미리 기판상에 배열하는 것에 의해 2차원 배열한 CNT를 만들 수도 있습니다.

공업적인 이용을 생각하면, 배열한 CNT를 직접 만드는 것은 의미 있는 것입니다. CVD법은 아크방전법과 비교하여 그라파이트 등의 불순물이 적고 생산성도 좋은 공업적인 생산방법이라 할 수 있습니다.

액체 속에서 가루 만들기

둘 다 투명한 액체인 물과 알코올을 혼합하면 시간이 지나면서 완전하게 균일한 하나의 액체가 됩니다. 이런 상태는 물 분자와 알코올 분자가 서로 완전히 혼합되었다고 생각할 수 있습니다.

액체 속에서 가루를 만드는 경우에도 이러한 원리를 이용하고 있지만, 여기에는 한 가지 문제점이 있습니다. 위에서 말씀드린 물과 알코올을 섞는 경우 물에 알코올을 넣는 최초의 순간은 불균일하게 되어 있습니다. 예를 들어 액체 A에 액체 B를 넣고, 가루 C를 만드는 경우 액체 B를 넣자마자 가루 C가 생성되어버리면, 성분이 균일한 입자를 만드는 것이 불가능해집니다. 즉, 액체끼리의 혼합이 완전히 이루어진 후에 가루가 만들어져야 만들어진 가루의 성분이 균일한 것입니다.

금속 알콕시드는 한 가지 그 예로서, 천천히 가수분해 반응을 일으키는 중에 금속산화물의 가루가 만들어지는 것입니다. 금속 알콕시드를 알코올 중에서 충분하게 희석하여 가수분해시키면 이산화티탄의 초미립자가 생성합니다. 이 입자의 크기는 수십 나노미터 정도이고, 액체끼리의 균일한 혼합이 이루어지고, 가수분해 속도가 매우 잘 조절되는 경우 입자 크기가 제어된 초미립자가 가능하게 됩니다.

수소이온농도(pH)에 의해 반응속도가 변화하는 물질을 이용해 액체 속에서 침전을 시켜 가루를 만드는 균일침전법이라는 초미립자 제조법도 있습니다. 이와 같이 하여 만들어지는 가루들은 50㎚ 이하의 초미립자가 만들어지는 것도 알 수 있습니다.

따라서 이와 같이 액체들이 섞이면서 새로운 물질이 만들어지는 것도 궁극적으로는 액체 속에서 가루가 생성되는 것이라고 이해하시면 되겠습니다.

이뿐만 아니라 위에서 설명해드린 바와는 다르게 우리는 집에서 간단하게 액체에서 가루가 만들어지는 물리적인 현상도 볼 수 있습니다. 소금(염화나트륨) 포화용액을 만들어 간단한 조작으로 소금이 눈에 보이는 실험을 할 수 있습니다. 이는 본 책 뒤 실험 편(실험 1 185쪽)의 설명을 참고하시기 바랍니다.

맛있는 약도 가루로 만든다

– 복합입자 만들기

우리가 먹는 약 중에는 표면을 당분으로 덮어씌워서 쓴 약을 먹기 쉽게 한 것들이 있습니다. 이런 약들을 만드는 것과 같은 방법으로 입자 한 개 한 개를 처리하는 것을 '복합입자를 만든다'고 합니다. 그리고 한 개의 복합입자라고 하여도, 만드는 방법이나 구조 등에 따라 여러 종류로 나눌 수 있습니다.

우선 몇 가지 예를 들어 생각해보고자 합니다.

1 '표면피복형'이라는 것은 위에서 설명한 당의정과 같은 방법으로 속 입자의 표면을 제2의 성분으로 덮어씌운 것입니다.

2 '포매형(包埋型)'이라는 것은 속 입자가 제2성분의 내부에 분산하고 있는 것입니다.

3 '입자혼합형'은 속 입자와 제2성분이 같은 크기로 몇 개가 모여서 한 개의 입자를 형성하고 있는 것입니다.

4 '분자혼합형'은 분자의 레벨에서 복합화시킨 입자입니다.

기계식 분쇄기를 이용하면 **1**~**3**까지는 충분하게 만들 수 있습니다. 특히 분쇄기의 내부에서 입자에 기계적 에너지가 주어진 결과, 입자의 결정구조에 변화가 일어나면서, 입자가 부서지는 것에 의해 반응 활성이 높은 부위가 나타나기 때문에, 입자의 복합화가 촉진됩니다. 이와 같이 기계적 분쇄기에 동반하여 일어나는 화학적인 반응을 일컬어 메카노케미칼(mechano-chemical) 반응이라 부르고 있습니다.

4에 대해서는 기계식 분쇄기에서는 가능한 것이 아니지만, 전성, 연성이 풍부한 금속의 복합화에서는 특히 제한적인 조건으로서는 가능하기도 합니다. 이와 같은 방법으로 합금을 만드는 것을 메카니컬알로잉(mechanical alloying)이라고 하고 필자도 최근에는 유성볼 밀이라는 초고속 회전분쇄기로 같은 연구를 수행하기도 하였습니다.

앞선 장들에서 계속 언급한 입자를 만드는 방법으로서, 기상법이나 액상법으로 설명하면 사실 어떠한 복합입자를 만드는 것도 가능할 뿐만 아니라, 특히 **4**는 기상법, 액상법만의 영역이라고 해도 좋을 것입니다.

하지만 고체를 잘게 부수어 가루를 만드는 분쇄기에 의해 여러 가지 다른 특성을 가지는 복합입자를 만들 수 있다는 것은 우리가 한 가지 조작을 할 때 여러 가지 다른 작업도 함께할 수 있다는 생각의 전환을 가져오게 합니다. 그런 생각을 가져오는 계기가 되는 것 중에 하나가 가루를 다루는 일인 것입니다.

가루의 표면을 바꿔보자

− 메카노케미스트리(mechano chemistry)

앞서 분쇄법을 통하여 고체물질을 잘게 부수어 가루입자를 만드는 것에 대해서 설명해드린 적이 있습니다. 사실은 분쇄법을 통하여 입자 사이즈를 작게 하는 것 이외에도 여러 가지 효과를 기대할 수가 있습니다.

분쇄에 동반하여 물질에 함께 작용하는 충격력이나 열에 의해 결정구조나 분자구조에 비틀림이나 흐트러짐이 생겨날 수도 있고, 분쇄하면서 흐트러진 표면은 결정이나 분자의 서로 이어진 부분이 끊어진다는 의미이기 때문에, 이어진 부분이 서로를 원해 표면에너지가 높아지고 여러 가지 새로운 물리적・화학적 특성이 나타나기도 합니다. 더욱이 그라파이트와 같이 2차원적인 결정구조를 가진 물질 결정의 사이에 다른 제2성분을 넣는 조작 등을 통해 분자레벨에서의 물질의 변화를 일으킬 수도 있습니다. 결국 분쇄에 의해 입자가 미세화하는 이상의 부가가치를 입자에 주어진다는 의미로 이들을 총칭하여 분쇄의 메카노케미컬 효과(mechano-chemical effect)라 부르고 있습니다.

이 메카노케미컬 효과 때문에 기계적으로 분쇄처리를 하는 입자는 표면의 활성이 높게 되거나, 입자 상호간의 흡착능력이 크게 될 수 있습니다. 또 결정질이 비정질로 되어 물질이 물에 녹아나는 용해도가 높아지는 등의 새로운 기능을 가질 수도 있습니다.

또 입자 자신의 반응성이 높게 되어, 원래는 온도를 높이지 않으면 일어나지 않는 반응이, 분쇄기 내부에서 일어나는 경우도 있어, 이 자체로 분쇄기가 새로운 반응장치로서의 가능성이 있을 수 있다는 것도 연구되고 있습니다. 이러한 성질을 이용하여 움직임이 나쁜 가루들, 즉 경사면에서 잘 흘러내리지 않는 분체입자의 표면에 여러 가지 조작들을 통해서(다른 초미립자를 묻혀 넣는 것이라든지) 유동성을 개선할 수도 있습니다.

예를 들어 정전복사기의 토너입자는 자성체를 반죽에 넣은 수지입자이지만, 워낙에 작은 미립자이기 때문에 부착성이 강해서 그대로는 복사가 잘 이루어질 수 없습니다. 그래서 수십 나노미터 사이즈의 산화규소 초미립자가 표면에 붙어 있어 서로 입자끼리가 밀착하지 않게 되고, 유동성이 양호한 가루가 됩니다.

여기서 재미난 것은 표면에 붙어 있는 나노입자인 산화규소 초미립자도 단독으로는 유동성이 매우 나쁜 물질이지만, 토너입자에 붙어서는 유동성이 좋게 되는 것입니다. 알면 알수록 신기한 가루의 세계입니다.

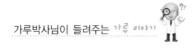

 ## 가루를 만든다

- 왜, 어떻게, 어니에 쓰려고?

여러분,

여러분은 무더운 여름방학에 무엇을 하고 지냅니까? 너무 더워서 아무 것도 하기 싫다고요? 종일 선풍기나 에어컨 바람을 쐬면, 건강에 해로운데 혹시 그렇게 하고 있는 건 아니겠지요? 역시 여름은 뭔가 하기에는 너무 힘든 더운 계절입니다. 그러면 신선한 과일들을 분쇄기에 갈아 과일주스를 만들어 먹어보기는 했나요? 그것도 알고 보면 과일을 가루로 만드는 것인데 물속에서 가루가 되니까 주스라는 이름으로 부르는 것이지만요…….

그러면 오늘은 덩어리를 왜 가루로 만들고, 가루를 만드는 방법은 어떤 것이 있으며, 만들어진 가루가 어떻게 쓰이는지를 알아보도록 하겠습니다.

먼저 가루를 만드는 방법으로는 크게 두 가지로 나눌 수 있는데, 하나는 큰 덩어리의 고체를 점점 작게 만들어가는 것과 또 다른 하나는 기체나 액체 속에서 분체입자의 씨를 만들어내서 이것을 차츰 차츰 크게 만들어가는 것이지요. 오늘 가루박사님은 큰 고체물질을 가루로 만드는 방법에 대해서 이야기하려고 합니다. 그렇다면 덩어리로 된 물질들을 왜 가루로 만들어서 사용하는지 정확하게 알아야 할 것 같습니다.

고체물질을 가루로 만드는 목적의 첫 번째는 모든 물질들은 그 물체의 겉 표면에서 그 물체의 성질이 나타나기 때문에 표면의 면적을 크게 하기 위해서 가루로 만드는 것이지요. 즉, 똑같은 무게의 사탕과 설탕가루를 물에 녹이면 설탕가루가 훨씬 빨리 녹는 데서 그 이유를 알 수 있습니다. 그리고 두 번째의 목적은 여러 가지가 섞여 있는 고체덩어리에서 필요한 물질만을 분리해서 사용하기 위해 가루로 만드는 경우가 있습니다. 예를 들어 우리가 여름에 수박화채를 만들어 먹는다고 가정을 해보아요. 수박을 그냥 그대로 보면 녹색에 검은 줄이 있고 딱딱한 껍질을 가지고 있으며 그 속에 붉은색의 수분이 많은 달콤한 부분이 있는 채소(수박은 과일이 아니다)입니다. 또, 붉은 부분의 안쪽에 검은색의 딱딱한 씨가 수박을 먹는데 다소나마 불편을 주고 있지요. 그렇기 때문에 수박을 먼저 반으로 쪼개면 지금까지 볼 수 없었던 붉은색 부분이 등장하고 계속해서 칼로 수박을 자르면 흰색 부분의 맛없는 섬유질이 구분되고 수박 씨 또한 구별해낼 수 있습니다. 바로 이러한 것이 필요한 부분을 골라내는 분쇄의 기본원리라고 할 수 있습니다. 즉, 일상생활에서 우리가 알지 못하는 사이에 분쇄라고 하는, 고체를 잘게 부수는 행

위를 하고 있는 것이지요. 이처럼 가루를 만드는 일은 지구 상에 사용되는 전체에너지의 2~3%가 분쇄에 사용된다는 보고에서 알 수 있는 것처럼 매우 중요한 일입니다.

여러분,

최근에 휘발유 가격이 올라가서 엄마, 아빠가 걱정하시는 소리를 들은 적이 있지요? 최근의 우리 인간들이 사용하는 원료 중에는 석유와 가스가 아주 큰 비중을 차지하고 있지만, 아직도 화력발전소의 경우라든지 세계의 많은 나라에서는 석탄에너지, 즉 고체연료를 사용하고 있습니다. 그 석탄을 캐내는 곳을 탄광이라 하고 우리나라에도 강원도에 많은 탄광이 있었습니다. 그리고 우리가 주위에서 자연스럽게 볼 수 있는 금, 은과 같은 귀금속도 금광, 은광과 같이 산속의 광물들 속에 들어 있습니다. 우리가 주위에서 볼 수 있는 금과 은 같은 것은 그 광물에서 귀금속 물질만을 따로 분리해내는 것입니다. 아무리 불순물이 적게 섞여 있는 광물이라 할지라도, 100%의 금덩어리, 은덩어리는 있을 수 없고 귀금속이 아주 적게 들어 있는 돌덩어리에서 분리해내는 것입니다. 우리가 흔히 보는 연탄과 같은 것들도 마찬가지 경우입니다. 따라서 돌덩어리에 섞여 있는 우리가 필요로 하는 광물들을 그것만 골라내기 위해서는 분쇄라는 공정이 필요하고 그에 따라서 광물질들을 잘게 부수어 필요로 하는 광물과 그렇지 않은 광물을 분리해내는 것이지요. 즉, 광산에서 필요한 물질들만을 뽑아내는 가장 기본이 되는 기술이 광물을 잘게 부수는 분쇄공정이라는 것입니다.

그럼, 곡식의 경우를 살펴볼까요? 아주 오래전부터 분쇄법을 이용하여 각종 곡식으로 맛있는 떡이나 국수, 빵 등을 만들어 먹은 것은 잘 알려진 사실이지요. 또한 제사나 차례상에 올리는 청주나 탁주의 경우도 원래 곡식을 주원료로 하여 만든다는 것을 안다면, 분쇄라는 가루를 내는 조작의 기원이 곡식을 가루로 하는데 있다고 해도 과언이 아닌 것 같습니다. 역시 우리 주위의 먹거리 중에는 쌀가루, 밀가루, 녹말가루 등 가루로 된 것이 아주 많은 것처럼 우리가 생각지도 못하는 사이에 가루에서 떡이 되고, 가루에서 빵이 되고, 가루에서 술이 되는 것입니다.

그렇다면 가루는 어떻게 만들어지는 것일까요?

이집트 문명시대의 벽화를 보면 돌판에 밀가루를 펼쳐 롤러와 같은 돌로 분쇄하고 있는 그림을 볼 수 있습니다. 그런데 예전의 사람들은 아마 몸 전체를 사용하여 롤러에 체중을 실어 밀가루를 분쇄하였겠지요. 아마도 좋은 밀가루를 만드는 것은 분쇄하는 사람이 어떻게 롤러를 사용하는가에 따라서 결정이 되었을지도 몰라요. 그러면 만드는 사람에 따라서 밀가루의 성질이 달라지겠지요. 그래서 발명이 된 것이 맷돌이랍니다. 맷돌은 윗돌과 아랫돌로 되어 그 사이에서 곡식알갱이가 부수어지는 것입니다. 맷돌은 그때까지의 분쇄기에 비해서 체중을 실을 필요가 없고 윗돌을 손으로 회전만 시키기 때문에 누가 작업을 하여도 같은 성질의 가루가, 이전보다 빠른 시간 내에 많이 만들 수 있게 되었지요. 그 이후에 사람의 힘이 아닌 바람이나 물의 힘으로 맷돌을 회전시키는 것과 같은 원리로 풍차나 수차, 즉 물레방아 같은 것이 발명되었고, 차츰차츰 지금 형태의 분쇄기가 나오게 되었습니다. 지금도 맷돌과는 형태가 다르지만 밀가루를 만드는 공장이라든지 가루를 만들어내는 곳에는 어느 곳이든 분쇄기가 사용되고 있지요. 특히 요즘은 금속 롤러가 서로 안쪽을 향하여 회전하고 그 사이에 원료를 공급하여 롤러의 힘에 의해 분쇄물이 얻어지는 형태가 많이 사용되고 있습니다.

그런데 이 분쇄라는 것은 한계가 있어서 너무 작은 입자는 만들어내지 못하는, 즉 어느 크기 이상은 작아지지 않는 벽이 있습니다. 대체적으로 고체알갱이를 그대로 분쇄하는 경우에는 $1 \sim 2\mu m$가 한계라고 하고, 물이나 알코올과 함께 분쇄할 때는 $0.1\mu m$까지 분쇄가 되기도 합니다. 최근에는 아주 작고 단단한 구슬과 함께 회전시키는 분쇄기가 나와서 그 구슬이 고체알갱이를 부수는 역할을 하게 하여 $0.05\mu m$까지 작게 할 수 있다고 알려져 있습니다. 이렇게 작아진 입자들은 우리가 먹는 약이라든지, 전자제품의 재료로 쓰이는 등 아주 고가품으로 팔리기도 하지요.

여러분,

오늘은 가루를 왜 만들고, 어떻게 만드는가에 대해서 이야기를 해보았는데, 역시 가루를 만드는 분쇄라는 것도 우리가 모르는 많은 곳에서 쓰이고 있다는 것을 알았지요?

지금까지 가루박사님이 가루에 대해서 친구들에게 알기 쉽게 설명하려고 많은 이야기를 했는데, 어떠했는지 궁금합니다. 그동안 잘 몰랐던 가루에 대해서 좀 더 가까이 다가가고, 우리 주위에 가루가 없으면 안 된다는 생각을 친구들이 할 수 있었다면 가루박사님은 정말 좋겠습니다.

그럼, 안녕.

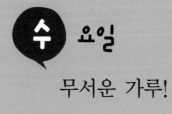 요일

무서운 가루!

대기오염도 가루가

우리들의 생활에 없어서는 안 될 만큼 중요한 역할을 하지만, 가루는 한편으로는 문제가 되는 것들도 있습니다. 경유를 연료로 하는 디젤자동차에서 배출되는 미립자(DEP, Diesel Exhaust Particulate)가 우선 문제가 되는 가루입니다. $1\mu m$ 이하 크기의 DEP는 우리가 일반적으로 이야기하는 그을음의 대부분으로 유기가용성분(SOP, Soluble Organic Fraction), 황산염 및 수분으로 구성되고 있습니다. DEP는 디젤자동차에서 동시에 배출되는 질소산화물과 함께 제거되어야 합니다. 그렇게 하기 위해서는 LNG 자동차나 가솔린 자동차 등으로의 전환이나, DEP 제거장치의 장착이 필요한 것입니다. 그러한 맥락에서 최근에 대중 교통수단인 버스의 경우 기존의 디젤자동차에서 LNG 연료를 사용하는 차량으로 많이 바뀌고 있는 실정입니다.

DEP 제거장치로는 디젤배출입자 제거필터(DPF, Diesel Particulate Filter)와 산화촉매 장치가 대표적입니다. 연속재생형 DPF로, 필터전에 설치한 NO 산화촉매에 의해 산화된 NO_2로 세라믹스 필터로 포집한 DEP를 산화 제거하는 방법입니다. 경유 중의 황이 많으면 촉매의 성능이 저하하여 DEP 제거가 방해되는 측면도 있습니다.

산화촉매 장치도 DEF를 저감시키는 장치입니다. 이것은 DEP 중에 포함된 SOF를 촉매로 산화 제거하는 장치입니다. 단, 너무 산화력이 강하면 경유 중에 포함되어 있는 황산을 황산염으로까지 산화하기 때문에 이럴 경우 DEP를 증가시킬 수도 있기 때문에 기술적인 검토가 필요할 것입니다.

어떻든, 환경오염을 저하시키기 위해서는 경유의 저유황화가 동시에 진행되지 않으면 안 됩니다. 현재에도 경유 내에 황화성분을 저감하는 기술도 실용화되고 있으며, 동시에 질소산화물 제거 촉매의 고수명화에도 저황화는 중요합니다.

앞으로 환경오염을 방지하기 위해서도 분체기술은 계속해서 발전해나갈 것입니다.

가루를 모은다?

공기 중에 떠다니는 가루를 모으는 것을 집진이라고 합니다. 집진의 원리는 크게 두 가지로 분류할 수 있으며, 한 가지는 공기 중에 장애물을 설치하여 그 표면에 떠다니는 가루를 모으는 것으로 마치 우리가 마스크를 쓰고 먼지가 많은 곳에서 작업하는 것과 같은 원리입니다. 또 다른 하나는 가루에 외력을 작용시켜 공기로부터 분리해내는 방법이 있습니다. 즉, 정전기력이나 중력, 원심력 등을 이용해서 인위적으로 가루를 공기로부터 분리해내는 것입니다.

여기서 공학적으로 중요한 것은 외력을 가하여 가루들을 모을 때 들어간 에너지만큼 얼마나 효율적으로 가루가 모아졌는가 하는 것이 그 중요한 하나이며, 또 하나는 내가 필요로 하는 크기의 가루를 얼마만큼 모았는가 하는 것입니다. 즉 가루를 모으기 위해서는 에너지는 적게 투입하고 내가 필요한 가루를 모으는 것이 중요하다고 할 수 있습니다.

그리고 가루를 모으기 위해서는 커다란 봉투모양의 필터를 설치해서 여러 가지 방법으로 그 필터에 가루를 모으는 방법이 있는데, 그 필터를 백필터라고 합니다. 섬유포 또는 필터를 장치 내에 매달고, 백 위에 모인 가루를 모으는 것입니다.

하지만 가루를 모으는 것이 생각보다는 쉽지 않으며, 그 효율도 매우 낮은 것이 사실입니다. 또한 필터에 가루가 모아지면서 그 필터의 눈금이 막혀 점점 더 가루를 모으기 어렵게 되기도 합니다. 따라서 가루를 모으면서 그 필터를 계속 털어주어야 하는 작업이 필요합니다.

공기 중에 떠다니는 가루를 모으는 것은 반대로 생각하면 공기를 깨끗하게 하는 작업도 되는 것이므로, 가루를 모으는 것은 여러 방면에서 아주 중요한 작업입니다.

액체처럼 움직이는 가루

- 가루의 유동

물에 가스를 불어넣으면 위로 거품이 넘쳐 나옵니다. 그렇다면 모래에 가스를 집어넣으면 어떻게 될까요?

모래가 빠져나가지 않을 정도의 구멍이 있는 판을 밑에 깔고, 용기에 모래를 넣은 다음 밑에서 가스를 올려 보냅니다. 가스를 천천히 집어넣을 경우 모래층이 조금은 팽창하지만, 모래는 그렇게 많이 움직이지 않습니다. 하지만 가스 속도를 어느 정도 이상으로 높이면 가루거품이 발생하면서 가루들이 격렬하게 뿜어 올라옵니다. 마치 물이 끓는 모습과 비슷한 모습을 보입니다.

또한, 모래를 용기에 다져넣은 후 그 위를 걸어보면, 모래사장과 같이 느긋하게 걷는 것이 가능하지만, 위에서 말씀드린 바와 같이 모래층 밑에서 공기를 불어넣어 움직이고 있는 모래층(유동층)은 액체와 같은 상태가 되어 있기 때문에 그 위를 걷는 힘은 매우 약하게 됩니다. 이는 모래층에 공기가 불어 들어오면서 모래층 위의 하중을 받치는 압력이 떨어지면서 마치 모래층이 액체와 같은 상태가 되기 때문입니다.

한편, 가루가 움직이면서 좋은 점도 있습니다. 가루들이 모여 있는 분체층이 액체와 같이 되면 가루들을 혼합할 경우 입자가 균일하게 혼합되기 때문에 입자와 가스의 접촉효율이 매우 좋게 됩니다. 이것에 의해 공기와 분체층이 반응하거나 열을 전달하는 경우에는 그 특성이 매우 좋아지게 됩니다.

이러한 특성을 가진 유동층은 고체와 기체의 접촉 반응장치로써 여러 가지 화학반응에도 이용되고 있습니다. 예를 들면, 중질유의 유동접촉 분해에 의한 가솔린의 제조, 약품이나 식품의 제조, 석탄의 가스화, 화력발전소를 중심으로 한 석탄의 연소 등에 이용되고 있습니다.

특히 최근에는 쓰레기나 폐기물의 연소장치로 그 이용이 주목되고 있습니다. 그것은 폐기물 처리 시 고체입자가 큰 열용량을 가지므로 연소열이 흡수되어 로의 온도제어가 용이하고, 더욱이 저온연소가 가능하기 때문에 고온에서 발생하는 유해물질의 발생이 억제되기 때문입니다. 또, 분체층을 유동상태로 유지하기 위해서 바인다(입자 간 결합제)를 분무하여 분체를 응집 조립하는 유동층 조립법이 제약업계나 식품업계에 성황리에 도입되고 있습니다.

막히는 가루

― 가루의 폐색현상

가루를 봉투에 담지 않고 그대로 저장하는 용기를 저조(storage tank), 용기하단부에 가루의 배출구를 가진 저조를 호퍼(hopper)라고 합니다. 이 호퍼에서 정량적임과 동시에 안정적으로 가루를 배출시키는 것(공급)은 매우 어려운 기술입니다. 대부분의 경우 호퍼는 원통형 저조부와 경사벽면을 가진 역원추형의 배출구로 되어 있습니다. 역원추형 하단부의 배출구에서 가루가 부드럽게 흘러나가는 것은 구멍의 크기와 경사가 매우 중요한 배출요인입니다. 거기에 더해 가루와 벽과의 마찰특성 등이 가루가 흘러나가는 양식을 결정하는 패턴입니다.

가루가 흐르는 양식을 크게 나누어 보면, 매스플로(mass flow)와 패널플로(panel flow)로 나누어집니다. 매스플로는 가루가 배출됨과 동시에 용기 내의 가루 전체가 움직이기 시작하면서 흐름이 나타나는 것입니다. 또한 역원추부의 경사가 너무 작거나, 벽면이 너무 거칠면 패널플로가 일어나고 배출되지 않는 부분이 나오게 됩니다.

물과 같은 액체라면 구멍에서 항상 연속적으로 흘러내리지만, 크기를 가진 입자의 집합체인 가루의 유출은 매스플로이거나 패널플로라는 흐름을 갖고 안정되지 않은 채로 때로는 입자끼리의 간섭에 의해 출구를 막아 유출하지 않게 되기도 합니다. 마치 만원전철의 입구나 출구에서 사람들이 모여 출입문이 막히는 것과 비슷한 현상입니다. 이것을 가루의 폐색현상이라 말합니다.

가루의 폐색을 막으려면 여러 가지 형태로 가루가 빠져나갈 수 있는 방법을 고안해야 하고, 그 예로 아치형과 쥐구멍형이 있습니다. 아치형 폐색은 부착력이나 마찰력이 없는 상태의 가루에서도 일어날 수 있는 현상이고, 쥐구멍형은 입자끼리의 마찰력이 크고, 부착성이 강한 분체에서 일어나기 쉽습니다.

여하튼 우리가 소금이나 후춧가루를 음식에 뿌릴 때 소금통에서 잘 나오게 하기 위해서 그 안에 쌀알을 넣어두는 것은 가루의 막힘을 막기 위한 것이라는 것을 알 수 있습니다. 이 역시 우리 생활 중의 분체기술입니다.

가루가 불을 뿜는다?

- 분진폭발

가루 때문에 불이 난다는 사실을 들어보신 적이 있습니까?

우리나라에서는 그렇게 많은 큰 사고가 보고되고 있지는 않지만, 외국에서는 밀가루 등의 곡물보관소에서 가루에 의한 폭발사고가 가끔씩 일어납니다. 뿐만 아니라 알루미늄이나 마그네슘 등 금속가루를 취급하는 일선현장에서도 작게나마 불꽃이 일어나는 등의 작은 폭발이 있기도 합니다. 이것을 분진폭발이라고 합니다.

우선, 폭발이라고 하면 닫힌 공간에서 불에 탈 수 있는 물질(가연물)과 공기가 혼합되어 있는 상태에서 물질이 급격하게 연소함에 따라 급격하게 온도가 상승하여 큰 압력이 발생하는 현상을 이야기합니다.

그런데 밀가루는 불에 타는 물질(가연물)이기는 하지만, 큰 입자 그대로는 급격하게 불에 타는 일은 거의 없습니다. 그러나 미세한 가루가 되면 밀가루 표면의 면적이 증가하기 때문에 연소속도가 현

저하게 빠르게 되어 폭발하는 경우가 있습니다.

그러면 분진폭발이 일어나는 조건을 알아보겠습니다.

우선 가연물의 **1** 미세화(대체로 200㎛ 이하 정도), **2** 표면적이 증대, **3** 공기 중에서 분산하여 부유(분진), **4** 분산한 부유입자의 농도가 어느 정도 이상이 되며, **5** 거기에 불이 날 수 있는 분화원이 있게 되면 폭발하게 됩니다. 앞서 말씀드린 곡물저장소의 폭발은 곡물의 수송, 저장 중에 조금씩 부서진 곡물조각의 아주 작은 미세한 가루들이 저장소 안에 떠다니다가 이것에 불이 붙는 착화에너지가 더해져서 폭발하게 됩니다. 불이 붙는 에너지원은 가루의 크기에 비례하여 크기가 작으면 작을수록 불이 붙기 쉽습니다.

불이 붙는 원인이 되는 것으로는 우리가 흔히 알고 있는 정전기를 포함한 전기착화, 충격착화, 고온착화, 화학착화 등이 있고, 정전기에 의한 착화는 가루입자끼리의 충돌 또는 마찰에 의해 표면에 정전기가 남아서 지나가면 벽 등의 사이에 방전이 생겨 불꽃이 일어나기 때문입니다. 마치 건조한 겨울에 금속 등에 손을 대어보면 '팍' 하는 스파크가 일어나는 것과 같은 현상이라 할 수 있습니다.

곡물뿐만이 아니라 알루미늄 등과 같은 금속미분, 석탄미분(분진폭발), 에폭시수지 등과 같은 고분자입자 등에서도 분진폭발은 잘 일어납니다. 예를 들어, 우리가 자석으로 책받침에 이리저리 옮길 수 있는 쇳가루에 촛불을 켜고 살짝 뿌려보면 '파파박~' 하는 스파크를 볼 수 있습니다. 이것이 분진폭발의 원인이 되는 것이라 할 수 있습니다.

가루가 불이 나게 할 수 있다는 것을 항상 염두에 두시기 바랍니다.

날아다니면서
괴롭히는 *가루*

- 가루의 부유성

바람이 불면 먼지가 날립니다. 요즘 시시때때로 불어오는 황사도 모래먼지가 바람에 날려 우리나라에까지 오게 된 것입니다. 이러한 것들은 전부 가루의 부유성, 즉 가루가 공기 중에 떠다니기 때문입니다.

이것은 공기에 점성이 있어 정지하고 있는 가루를 움직이게 하는 것입니다. 또한 이것이 입자를 공기 중에 날려 오르게 하는 힘의 원천인 것입니다. 한편 이 점성은 움직이고 있는 물체들을 못 움직이게 하는 힘으로도 작용합니다. 강한 바람 중에서는 걷기 힘든 것도 그 원인이 되는 것입니다.

공기 중에 자유롭게 존재하는 가루는 중력에 의해 떨어지게 됩니다. 그러면 공기와 상대속도가 생기므로 가루에 힘(점성저항력)이 작동하게 됩니다. 작은 가루의 경우 이 힘은 속도(공기와 입자의 상대속도)에 비례하여 커지다가 시간이 흐르면서 중력과 같게 되고, 이때부터 가루는 공기와 같은 속도로 움직이게 됩니다. 이것보다 큰 풍속의 바람이 불면 가루가 날려 올라가게 되고 떨어지는 침강속도는 가루 크기의 제곱에 비례하게 되므로 가루의 크기가 작을수록 떠다니기 쉽게 되고 부유성이 증가한다고 이야기할 수 있습니다.

이와 같이 가루가 작아짐에 따라 생기는 부유성은 분체공정이 사용되는 많은 현장에도 적용되고 있습니다. 근대적인 분체공장에서는 벨트를 움직여 물질을 수송하는 '벨트컨베이어(belt conveyer)'뿐만이 아니라 벨트컨베이어에서는 움직여지지 않는 큰 덩어리를 미세하게 부수어 가루로 만든 다음 공기에 의해 수송시키는 공기수송, 즉 뉴마틱컨베이어(pneumatic conveyer)를 이용하기도 합니다. 즉, 가루가 날아가고, 파이프 중에서 공기와 함께 액체와 같이 흐릅니다. 이를 공기수송이라 말합니다.

또 에어슬라이드(air slide)라는 분체기술이 있습니다. 원래 가루는 경사판 위를 흘러가게 하여도 가루와 판 사이의 마찰에 의해 잘 흘러가지 않는 성질이 있습니다. 그렇지만 분체층 밑에서 공기를 불어넣으면 가루가 날려 올라가 마치 가루가 액체와 같이 흐르는 것도 볼 수 있습니다.

이것과 유사한 현상이 화산가스가 대량의 분진과 함께 고속으로 품어내어 고속으로 흐르는 가스에 고온의 분체가 올라타(부유하여) 흐르는 현상입니다. 그 속도가 매우 빨라 시속 100m에도 달하는 것도 있고, 눈사태 등도 같은 현상이라 말할 수 있습니다.

물과 함께 또는 공기와 함께 흙더미가 흘러내려 우리를 곤란하게 하는 가루의 성질을 파악하는 것도 분체공학에서 풀어야 할 숙제입니다.

지반이 약해지면
아파트가 가라앉는다

최근 일본 동북(東北)지방에서 대형 지진과 쓰나미가 발생하면서 많은 인명 피해와 물적 피해가 있었습니다. 필자도 일본에서 연구원 생활을 했던지라 일본의 지진위험은 매우 잘 알고 있습니다.

지진이 일어나면 무서운 일들이 많이 일어나지만, 건물들이 쓰러지는 액상화 현상이라는 것이 있습니다. 이는 저희와 같이 분체공학을 연구하는 사람들 중에서 토목이나 건축을 하시는 분들에게는 매우 중요한 문제입니다.

여러분은 지진이 일어나거나 지반이 붕괴되면서 건물이 땅속에 박히는 것 같은 모습을 보신 적이 있을 것입니다. 그 딱딱한 지반 속으로 어떻게 건물이 파묻히는 것일까요? 여기에도 가루의 비밀이 있습니다.

우리가 건물을 짓는 지반을 구성하는 흙은 통상 흙의 입자(돌가루 등)끼리 서로 접촉하여 얽혀 그 사이사이에 공간을 가지면서 안전하게 구성되어 있어 스스로의 무게나 그 위에서의 하중을 지탱할 수 있습니다. 딱딱한 지반은 이 가루들 사이의 공간이 작기 때문에 안정되지만, 무른 지반은 그 공간이 넓기 때문에 지진과 같은 강한 진동을 맞게 되면, 간단하게 붕괴되면서 점점 조밀한 지반으로 되어 갑니다.

그렇지만 지하수위가 높고, 그 공간이 물로 차게 되면, 그 흙들이 뿔뿔이 흩어져 입자가 물에 뜨는 상태로 되어, 지반이 진흙물과 같이 되어(액상화) 기체일 때와 같이 흔들리게 됩니다. 이와 같이 되면 그 지반은 위에 지어진 건축물을 지탱하지 못하게 되어 건축물이 흙의 가운데에 파묻히면서 붕괴하게 되는 것입니다. 이때, 이 현상을 '액상화'라 부르고 이러한 현상은 해안부근이나 하천에 의한 퇴적지반과 같은 비교적 지반이 무르고(단단하지 않은), 지하수위가 높은 모래흙의 장소에서 잘 일어납니다.

액상화 현상은 입자의 크기가 0.1~1.0㎜ 정도의 모래입자에서 구성된 모래질 지반으로 매우 일어나기 쉽고, 작은 돌이나 조약돌 등의 크기 입자, 점토와 같은 미세한 입자로 구성된 지반은 비교적 액상화하기 어려우므로 지반을 개량하는 데 기준으로 삼고 있습니다. 또한 지하수위를 낮추는 것도 대책의 하나로 제안되고 있습니다.

오존층의 변화에도
가루가 작용?

- 에어로졸 입자

우리 지구 주위를 둘러싸고 있는 오존층은 글자 그대로 오존(O_3)이라는 성분으로 이루어진 공기가 층을 이루고 있는 것이기 때문에 가만히 원상태로 정지하거나 유지되는 것이 아니고, 계속해서는 변화하는 양상을 보입니다. 최근에는 그 오존층에 구멍이 뚫어져 지구환경에 심각한 영향을 준다는 보도가 심심찮게 들리고 있습니다. 남극 상공의 성층권에 오존층이 옅어져 구멍이 뚫리게 되었다는 것은 성층권의 온도가 낮아져 오존층의 농도가 낮아진다는 것을 의미합니다. 그리고 오존은 원래 유해물질이지만, 태양빛의 자외선을 차단하는 역할이 있어, 지구 상에 존재하는 생물에게는 오존층은 없어서는 안 되는 물질입니다.

이 오존층을 파괴하는 주역의 한 가지로 프레온가스가 주된 역할을 하고 있어, 최근에는 전 세계적으로 프레온가스 규제안이 만들어지고 사용을 자제하는 형편입니다. 하지만 거기에 더불어 오존층을 파괴하는 데에 가루도 심각한 영향을 끼치고 있습니다. 이때 공기 중에 작은 가루 즉, 미립자가 섞여 있는 상태를 에어로졸이라고 합니다.

프레온가스는 성층권에 달하면 자외선에 의해 분해되어 오존 파괴물질인 염소산화물을 발생하게 됩니다. 이것이 촉매반응 사이클에 의해 서서히 오존의 파괴를 계속하는 것입니다. 하지만 성층권에 도달한 미량의 질소산화물이 이것과 반응하여 새로운 물질을 형성하게 되고 시간이 지남에 따라 이 물질의 역할로 촉매반응 사이클을 종결하여 오존 파괴의 진행이 정지되기도 합니다. 그런데 이 물질이 얼음 등의 미립자 표면에 부착하는 또다시 새로운 반응에 의해 오존 파괴물질로 돌아가 버리는 경우가 있습니다.

겨울의 남극 상공은 강한 편서풍이 불어, 그 내부는 기온이 매우 낮게 되므로(-78℃ 이하), 얼음의 입자를 주성분으로 하는 극역성층권 구름이 생성하여 오존 파괴물질이 계속해서 생성되고 그것이 앞서 이야기한 반응과 재반응을 통해 태양광과 결합하여 급격하게 오존층을 파괴한다고 생각됩니다.

그뿐만 아니라 화산폭발 등의 이후에도 분진 등이 성층권까지 올라가 오존층을 파괴하는 반응의 원인이 되기도 합니다. 따라서 환경오염을 일으키는 가루와 함께 오존층을 파괴하는 가루도 있으니 그 원인 제거를 위해서 각별히 노력해야 할 것입니다.

무서운 가루도 있어요

여러분,

살랑살랑 봄바람이 불어오면, 봄을 맞이하는 꽃들이 너도나도 화사하게 피어나겠지요. 봄이 오면 여러분도 엄마, 아빠, 언니, 동생이랑 봄나들이 갈 준비를 하지 않나요? 하지만 나들이 가기에 날씨는 좋은데, 봄에는 공기 중에 뿌연 가루가 너무 많아서 엄마, 아빠가 걱정하시는 경우가 없었나요? 있었다고요? 그래서 '마스크를 하고 나가자'라든가, '오늘은 황사가 너무 심하니 집에 있자' 또는 '오늘은 꽃가루가 많구나'라는 말씀을 하곤 하셨지요. 그래요. 봄에는 화창한 날씨, 볼을 따뜻하게 감싸주는 봄바람 등등 기분 좋은 것들이 많지만, 중국에서 불어오는 황사, 알레르기를 일으키는 꽃가루만 생각하면, 어린이들을 사랑하는 가루박사님은 걱정이 이만저만 아니랍니다. 그래서 이렇게 사람 몸에 해를 끼치는 가루를 어떻게 하면 막을 수 있을까를 매일매일 고민하고 있는데, 쉽게 풀리지 않는 숙제입니다.

그럼, 먼저 우리 몸에 해를 끼치는 아주 나쁜 가루인 황사에 대해서 한번 알아보기로 할까요?

황사(黃砂, Asian dust 또는 yellow sand)란 저기 멀리 몽고의 사막이나 중국 북부지방의 황토지대와 사막에 쌓여 있던 미세한 모래먼지가 바람에 의하여 하늘 높이 불려 올라가 공기 중에 퍼져서 하늘을 덮고 있다가, 천천히 바람을 따라 이동해 우리의 집에까지 날아오는 것입니다. 즉, 아주 미세한 모래먼지를 말하는 것입니다. 가루박사님은 이 가루가 어디에서 오는지 이 가루에 무엇이 묻어 있는지, 그리고 어떻게 날아오는지를 열심히 연구하고 있습니다. 그럼 황사가 왜 우리 몸에 해를 주는지 알아보아야 하지 않을까요?

황사의 피해 중에 가장 중요한 것은 모래 자체의 해로움보다는 그 모래에 붙어 있는 나쁜 물질들입니다. 이 물질들이 우리 눈, 코 그리고 입속으로 들어가서 우리 몸을 아프게 하기 때문에 해로운 것이지요. 따라서 황사에 붙어 있는 나쁜 물질이 무엇인가도 연구하고, 황사가 어떻게 우리에게까지 날아오는지도 연구하고, 사람들 말고도 우리 주위의 자연환경에 미치는 나쁜 영향도 연구해야 하겠지요. 특히 우리가 주변에서 흔히 볼 수 있는 컴퓨터를 비롯한 정밀기기의 조작에 아주 나쁜 영향을 미치는 것도 조사해야 한답니다. 때문에 최근에는 한국, 중국, 일본 등 여러 나라의 전문가들이 모여서 국제적인 협력을 통해 황사방지에 노력하고 있습니다.

여러분, 그러면 황사 말고도 우리에게 해를 주는 가루들을 좀 더 살펴보기로 해요.

황사뿐만이 아니라 인간에게 해를 끼치는 여러 물질들 중에 분체입자, 즉 가루로 되어 있는 것이 수없이 많아요. 하지만 가루가 얼마나, 어떻게 사람들에게 피해를 주는지 확실하게 알 수 있는 것은 매우 소수에 불과합니다. 그리고 그것을 밝히는 일 또한 매우 다양한 검증과정을 거치는 등 복잡하고 어려운 일입니다. 더구나 그 분체입자들이 인간의 몸속에 들어왔을 때 전혀 건강에 영향을 끼치지 않는 것처럼 느껴지다가 수십 년이 지난 후 아파지는 경우도 있어 그 폐해는 매우 심각한 실정입니다.

예를 들어, 석면은 단열재 등으로 집을 짓는 재료로 널리 이용되고 있으나, 그 석면가루가 인체에 들어와서 약 20년이 지난 후 폐암의 중요한 원인이 된다는 보고도 있기 때문에 그것을 사용할 때에 각별하게 주의해야 합니다. 또한, 비슷한 증상으로 진폐증이라는 것도 있습니다. 광산 등지에서 흙, 돌가루 등의 광물질들의 분체입자를 흡입함으로써 병이 들게 되는 것입니다. 이 역시 장기간에 걸쳐 서서히 진행되므로 우리 스스로가 느끼지 못하는 사이에 병이 드는 경우가 많아 예방과 건강관리를 소홀히 하는 사이에 고치기가 매우 어려운 질병으로 되어버리는 것이지요. 이런 질병들은 가루를 흡입하지 않는 방법 외에는 어떠한 방법으로도 예방과 치료할 길이 없는 무서운 질병으로 분체입자가 인간에게 폐를 끼치는 대표적인 경우라고 할 수 있습니다.

또, 우리가 주위에서 흔히 볼 수 있는 꽃가루 알레르기도 가루가 일으키는 대표적인 피해 중의 하나라고 할 수 있습니다. 알레르기

질환은 알레르기 체질인 사람이 어떤 원인물질과 접촉할 때 나타나는 질환으로 꽃가루 알레르기는 꽃가루가 원인이 되는 질환이지요. 특히 지금 같은 봄철 꽃가루가 많이 날리는 계절에 발생하거나 악화되고 꽃가루의 절정기에 증상이 매우 심해지곤 합니다. 주위에서 꽃가루가 날릴 때 외출하면 재채기를 하거나 콧물이 흐르고, 또는 눈이 가렵고 충혈되거나 피부가 가렵고 빨개지는 경우가 있는데 이 모든 것이 꽃가루가 원인인 경우가 매우 많습니다. 이것을 예방하는 방법 또한 꽃가루를 멀리하는 것 이외에는 아무것도 없다고 할 수 있지요. 이렇게 우리 몸에 해를 주는 가루가 우리 주위에는 아주 많이 있습니다.

그리고 또 우리에게 해를 주는 가루로는 우리 주위에서 흔히 볼 수 있는 공사현장이나 공장 등에서 나오는 먼지를 이야기할 수 있습니다. 이 먼지들은 원래 가루입자들의 크기에 따라 연기와 먼지로 구별할 수 있는데, $0.1 \sim 1\mu m$ 이하의 가루들이 공기 중에 떠다니면 연기, $1 \sim 10\mu m$ 크기의 가루들은 먼지라고 합니다. 집에서 맑은 날 엄마가 청소하실 때 이런 먼지들 사이로 햇빛이 지나가는 것을 볼 수 있지요? 그럴 경우는 먼지가 아주 많아서 우리 몸속에 나쁜 가루들이 들어갈 수 있으니 항상 조심해야 합니다. 또 우리 주위에 먼지가 많으면 공기 중의 이산화탄소하고 공기가 친하게 되어 우리 주위의 온도를 갑자기 올라가게 하는 경우가 있습니다. 이런 경우를 온실효과라고 하는데 생태계에 아주 나쁜 영향을 미치곤 합니다. 뿐만 아니라 해로운 연기나 먼지 속에 나쁜 물질들이 우리가 숨을 쉴

때 입이나 코를 통해 우리 몸속에 들어오게 되면 무서운 질병인 암을 유발하기도 합니다.

그러면 여기서 어느 정도 크기의 가루들이 몸속의 어느 부위에 들러붙는지 잠깐 알아볼까요? 제법 큰 가루인 $10 \mu m$ 정도의 먼지들은 우리 코와 목에 들러붙게 됩니다. 그리고 그것보다 좀 더 작은 입자들은 기관지($6 \sim 10 \mu m$), 폐($3 \sim 6 \mu m$), 또 아주 작은 입자들은 폐 속을 통해 모세관까지 파고들어 오게 됩니다. 따라서 담배연기도 엄밀하게는 가루이며 우리 몸에 아주 해로운 물질입니다.

그런데 이런 나쁜 먼지들이나 연기들은 우리 주위에서 매일같이 만날 수 있는 것들이라 우리는 항상 조심해야 합니다. 하지만 일부 나쁜 어른들은 밤에 몰래 이런 연기들을 내보내거나 귀찮다는 이유만으로 먼지 날리는 것을 소홀히 취급하는 경우도 많습니다. 여러분은 이런 것들을 보면 꼭 '이렇게 하지 마세요'라고 이야기해야 합니다.

마지막으로 우리가 먹는 물에서도, 인체에 해를 끼치는 물질들이 있다는 사실을 알아야 하는데, 이러한 물질 또한 엄밀하게는 가루인 것을 알면, 가루들이 공기뿐만이 아니라 물에서도 인체에 심각한 해를 끼칠 수 있다는 것을 알아야 할 것입니다.

결국 가루가 우리에게 해를 끼치는 것에 관해서 여러 가지로 다시 한 번 생각해보아야 할 것입니다. 눈에 보이지도 않고, 냄새도 맛도 없는 미세한 분체입자가 인체에 치명적인 나쁜 물질로 우리 몸에 들어와서 해를 끼칠 수 있다는 아주 중요한 사실에 여러분도 새

삼 주의를 기울이지 않으면 안 된다는 것을 가루박사님은 이야기하고 싶습니다. 물론 이런 문제를 해결하려고 노력하는 가루박사님의 어깨도 무겁습니다.

자, 그럼 여러분도 엄마, 아빠랑 나들이 갈 때 어른들이 하시는 말씀 잘 듣고, 꼭 우리 몸에 해로운 가루에 대해서 다시 한 번 생각해서 주의를 기울여주길 바랍니다.

그럼, 안녕.

목 요일

가루 속에 숨어 있는 수학의 비밀

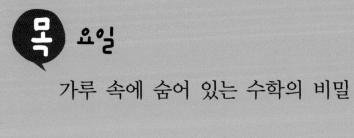

흙을 분리하면
여러 종류의 가루가

− 스톡스 식

　우리가 밟고 다니는 일반적인 흙은 다양한 크기의 가루들이 섞여 있습니다. 대략적으로 살펴보면, 큰 모래가루와 매우 작은 점토질 가루 그리고 그 중간적인 크기의 가루들로 구성되어 있습니다. 이렇게 여러 가지 크기가 섞여 있는 상태에서 매우 작은 크기의 점토질 입자만을 끄집어내려면 어떻게 해야 할까요?

　우선 물을 담은 대형 비커를 사용하기로 하겠습니다. 여기에 채취한 흙을 넣고, 잘 휘저어봅니다. 그러다가 젓기를 중지하면, 진흙 탕물 중 제법 큰 크기의 모래입자는 빠르게 침강하고, 중간 정도 크기의 입자는 천천히 침강하게 됩니다. 그 후 시간이 흐르면 비커 아래에 완전히 침전물이 남고 물은 어느 정도 맑아지게 됩니다. 이때의 가루의 침강속도는 다음에서 보이는 것과 같은 스톡스(Stoke's) 식에 따라 침강합니다.

$$v = \frac{x^2(\rho_p - \rho)g}{18\mu}$$

이 식은 입자밀도ρ_p, 입자경x의 입자가 점도가 μ유체, 밀도가 ρ인 액체 중을 일정한 속도 v브이로 침강하는 것을 나타내는 식입니다.

물과 같은 액체 중에서는 수 μm에서 수십 μm의 크기 입자가 침강하는 경우에 잘 맞는 식입니다. 이 정도의 크기 입자는 물속에서 중력과 부력과 유체저항이 적절하게 어우러진 것을 의미하고 있습니다.

한편, 매우 작은 수 마이크로미터 이하의 점토질 입자는 침강하는 데 오랜 시간이 걸립니다. 진동도 없고, 방의 온도가 크게 변화하지 않게 주의하면서, 2시간 정도 가만히 놔둔 후에, 액체를 높은 곳에서 낮은 곳으로 옮기는 데 사용하는 사이펀(siphon)을 이용하여 뿌연 현탁액의 윗부분을 따로 용기에 받습니다. 사이펀의 깊이를 10㎝라고 하면, 이 중에는 스톡스 식으로 계산하여 보면, 약 4μm 이하의 입자들만이 물속에 떠 있는 것을 계산할 수 있습니다. 따라서 이 액을 증발 건조시키면 미세한 점토질의 가루가 얻어지게 되는 것입니다.

이렇게 얻어진 가루는 아주 미세한 입자로 점토광물이라 부르고, 그 성분은 알루미나, 규산 등으로 되어 있는 것을 알 수 있습니다. 한편, 같은 원리를 이용하여 입자가 액체 중에서의 침강하는 속도를 측정하여 입자들의 크기를 측정하는 것도 행해지고 있습니다.

굴절률이란?

- 굴절률의 측정

앞서 가루들의 크기를 측정하는 것에 대해서 몇 번 말씀드린 적이 있습니다. 가루의 크기를 측정하는 방법으로 현재는 '레이저 회절산란법'이라는 원리를 이용하는 것이 가장 널리 사용되고 있습니다. 그런데 이렇게 빛을 이용하여 어느 가루의 크기를 측정하기 위해서는 측정하고자 하는 가루의 원물질이 무엇인가를 파악하여 그 물질의 굴절률이라는 것이 필요하게 됩니다. 일반적으로는 기존의 굴절률을 알려주는 문헌들을 참고하고 있으니, 그 굴절률이 문헌에 나와 있지 않다면, 굴절률을 측정할 수밖에 없습니다.

굴절률이란 빛이 공기나 물과 같은 곳을 통과하다가 다른 고체나 액체를 만나서 그 빛이 꺾이는 정도를 이야기하는 것입니다.

굴절률이 다른 면에서는 빛이 진행하는 방향은 변화하게 됩니다. 공기 중에 있는 투명한 물체에 빛을 쬐어, 그 입사각과 굴절률에서 투명물체의 굴절률을 구할 수 있습니다. 그러나 일반적인 가루는 대체로 투명하지 않고, 또 표면이 울퉁불퉁하기 때문에 그와 같은 방법으로는 측정할 수 없습니다.

그러면, 어떻게 가루의 굴절률을 측정할 수 있을까요?

원리는 간단합니다. '액체 중에 그 액체의 굴절률과 같은 물질을 넣는 경우에 우리는 그 물질을 볼 수가 없다'는 것을 응용하는 것입니다.

예를 들어 잘 알려진 실험으로, 유동파라핀을 채운 어항과 같은 수조에 내열글라스로 만들어진 물고기모형과 크리스털글라스로 만들어진 거북이모형을 집어넣는 실험을 해보았습니다. 크리스털글라스 거북은 유동파라핀 중에서도 관찰할 수 있었으나, 내열글라스로 만들어진 물고기모형은 잘 보이지 않게 되었습니다. 물고기모형이 보기 어렵게 된 이유가 내열글라스와 유동파라핀의 굴절률이 거의 같기 때문이었습니다.

또 이 원리를 사용하여 가루의 굴절률을 측정해보면, 가루의 굴절률은 일정하지만, 액체의 굴절률을 변화시켜 가루가 보이지 않게 되는 조건을 찾아내보는 것입니다. 액체의 굴절률을 변화시키는 것은 온도를 변화하면 가능하게 되고, 각종 액체를 준비하고 그 액체의 굴절률과 온도와의 관계를 예측해가면서 가루가 보이지 않게 될 때의 온도를 정확하게 측정하면 일정온도에서 정해지는 그 액체의 굴절률과 가루의 굴절률이 같은 것이라고 판단하여 그 가루의 굴절률을 알 수 있게 되는 것입니다.

또한 여러분들이 잘 알고 계시는 컵 속에 동전을 넣어두고 보이지 않는 곳에서 물을 부으면 그 동전이 보이게 되는 것도 물의 굴절률의 원리를 이용한 것입니다.

이 굴절률이 가루의 크기를 재는 데 중요한 역할을 하고 있는 것입니다.

가루는 표면의 면적이 중요

- 비표면적 측정

    요즘 한겨울에 우리 주위에서도 흔히 볼 수 있는 것이 손난로입니다. 특히 겨울에 야외활동을 많이 하는 사람들에게는 필수품이 되다시피 하였습니다. 또한 등산이나 골프 등 겨울에 운동하는 사람들에게도 매우 중요한 하나의 도구가 되고 있습니다. 손난로 중에는 여러 종류가 있습니다만, 가장 보편화되고 많이 사용하는 것이 비닐커버를 벗기고 종이봉투 같은 것을 흔들어서 따뜻하게 사용하는 일명 '핫-팩'이라고 불리는 것이 있습니다.

    이런 종류의 손난로는 그 내용물이 철가루입니다. 철가루가 공기에 접촉하면서 산화되고, 그때 열이 나게 되는데 그 열로 따뜻하게 되는 것입니다. 그런데 산화반응은 가루의 표면에서 진행되므로, 어느 정도 이상의 큰 표면의 면적, 즉 표면적이 필요하게 됩니다.

    따라서 가루가 유용하게 쓰이는 것에서 가장 중요한 것 중에 한가지가 가루의 표면적이 커야 하는 것입니다.

그래서 그 작은 가루들의 표면적은 어떻게 측정하는가를 알아보려고 합니다. 가루의 표면적을 측정하는 방법에는 투과법과 흡착법이라는 것이 있습니다. 투과법은 가루로 막힌 공간에 집어넣어 층을 만들고, 그 층에 액체를 투입하여 일정한 양의 액체가 흐르는 시간으로부터 그 표면적을 구하는 방법입니다. 이때 어느 일정한 부피에서 그 표면적을 구하였다고 해서 그냥 가루의 표면적이라고 부르지 않고 비표면적이라고 말하는 것입니다.

예를 들어 같은 부피에서 가루들의 크기가 크면 비표면적이 작게 되고, 가루의 층 내에 생긴 공간들은 그 크기가 크게 되어 짧은 시간에 일정량의 액체가 흐르게 됩니다. 반대로 일정량의 액체가 흐르는 시간이 짧게 되면 그 가루들의 크기는 크고 비표면적은 작다는 것을 알 수 있습니다.

한편, 흡착법은 보통 질소를 가스로 사용하고, 밀폐된 공간에서 액체질소를 사용하여 가루의 표면에 흡착량을 구하는 방법입니다. 일정한 온도의 경우, 가루에 흡착되는 흡착량은 흡착가스의 압력 증가와 함께 많게 됩니다. 압력을 단계적으로 상승시키고, 흡착량을 측정해가면서 압력과 흡착량의 관계를 그래프로 그린 것을 흡착등온선이라 부르고 있습니다. 이 흡착등온선은 몇 가지 다른 형태를 나타내는 것이 있습니다. 예를 들어 흡착가스와 가루의 표면이 화학반응을 일으키지 않는 경우는 대체적으로 비례하여 증가하는 형태가 되고 있습니다.

한편, 이렇게 비표면적을 구하면, 그것을 구로 환산해서 가루의 크기를 대략적으로 구할 수도 있습니다. 이것을 비표면적 상당경이라 하고, 이 비표면적 상당경은 그 외의 측정입자경과 비교하여 일반적으로 크기가 작게 환산됩니다. 이유는 그 외의 측정원리에서 표면에 있는 울퉁불퉁한 부분은 측정치에 영향을 주지 않기 때문에 많이 흡착되어서 작은 크기의 입자로 환산되기 때문입니다.

가루의 딱딱함은?

- 가루의 강도(Bond의 식)

이 세상에서 분쇄를 하기 위해 사용하는 에너지가 전체에너지의 2%라는 말이 있습니다. 그만큼 분쇄에 있어서 에너지를 절감하는 것은 매우 중요한 일일 것입니다. 필자 역시 분쇄를 행하면서 에너지를 절감할 수 있는 연구를 오랫동안 해오고 있습니다만, 그렇게 쉽게 해결이 되지는 않습니다.

분쇄기를 이용하여 고체원료를 분쇄할 때, 얻어진 입자의 크기와 분쇄기에서 요구하는 에너지와의 사이에는 다음과 같은 실험식이 있습니다. 이 식을 제안한 연구자의 이름을 따서 '본드(Bond)의 식'이라 부르고 있습니다.

$$E = W_i \left(\frac{10}{\sqrt{P}} - \frac{10}{\sqrt{F}} \right)$$

식 중에서 F와 P는 각각 분쇄기에 투입된 원료와 분쇄가 된 생산물이 80% 통과되는 입자의 크기입니다. 80% 통과 입자 크기라는 것은 어느 정해진 눈금의 채에서 가루를 체분리할 때에 전체의 80%가 채를 통과해 나가는 눈 크기를 의미하는 것입니다. Wi는 일지수라 부르고 어느 일정한 크기의 원료 1t을 분쇄하여 80% 통과경이 100 μm까지 분쇄하는 것에 필요한 에너지를 나타내는 것입니다. 이 일지수는 원료의 분쇄성을 나타내는 지표의 한 가지이고, 분쇄기의 설계나 해석에 많이 이용되고 있으며, 각 원료에 따라 문헌에 잘 나타나 있습니다.

Bond는 분쇄 개시단계에서 입자에 주어진 변형에너지는 입자경의 세제곱에 비례하고, 균열이 발생한 후는 입자경의 제곱에 비례하고, 최종적으로는 두 개의 중간으로 입자경의 2.5승에 비례한다고 생각하였습니다. 이것을 단위 질량당으로 환산하면 입자의 체적, 즉 입자경의 3승으로 나누어 입의 제곱근의 역수에 비례하는 앞의 식과 같이 되는 것입니다.

본드 식은 입자경이 작게 되면 분쇄에너지는 급격하게 증가하는 것, 또 출발 원료의 입자경이 크게 변동해도 분쇄에너지는 대부분 변화하지 않는 것을 설명하고 있는 당시로서는 아주 유용한 분쇄에너지에 관계된 식이라는 것을 알 수 있습니다.

한 개의 가루가 부서지는 단입자의 파괴에 관하여 실험적 연구에 의하면, 입자가 작을수록 부수기가 어렵게 됩니다. 또한 입자가 작을수록 서로 간에 들러붙는 부착력의 효과가 크게 되어, 분쇄하려고 쓰인 에너지가 가루에까지 충분하게 가루 자신에게 전해지지 않게 됩니다. 예를 들어 실제의 건식분쇄에서는 $1\mu m$보다도 분쇄물을 작게 할 수가 없다는 분쇄한계설이 있습니다. 이렇게 되는 원인 중에 한 가지이기도 합니다.

최근에는 이 벽을 돌파하는 새로운 방식의 분쇄기가 개발되어 실용화를 앞두고 있습니다.

피라미드의 도굴을
막는 가루의 기술

― 얀센의 식

밑을 종이로 막은 직경 10㎝, 높이 30㎝의 원통용기에 알사탕을 5㎝ 높이로 넣고 그 위에서 피스톤을 눌러보면, 어느 정도 강하게 눌러도 종이는 터지지 않습니다.

곡물이나 시멘트를 저장해두는 저장조에서도 같은 현상이 일어나며, 수십 미터 정도 깊이의 가루를 담아놓은 분체층의 바닥에서는 깊이에 관계없이 어느 일정한 압력 외에 발생하지 않습니다. 이것은 피스톤에서 더해지는 힘, 또는 분체층의 스스로 무게가 저장조 벽면에서 마찰력과 균형을 이루고 있기 때문에 일어나는 현상입니다. 저장조의 바닥에서 어느 정도의 압력이 발생하는가를 계산하는 것으로 이 현상을 처음으로 설명한 사람의 이름을 붙여 '얀센의 식'이라는 힘의 밸런스식을 이용합니다.

직경 5m, 높이 50m의 원형저장조에 물이 가득 들어 있는 경우,

수압은 깊이에 비례하여 증가하고, 바닥에는 약 6기압의 수압이 발생합니다. 하지만 밀가루가 들어 있는 경우, 일반적인 마찰계수나 고밀도의 값을 이용하여 얀센의 식에서 계산하면 약 1.2기압밖에 되지 않습니다. 더욱이 피스톤 등으로 위에서 힘을 가하여도 힘은 밑에까지는 전해지지 않고, 아랫부분은 1.2기압 그대로입니다. 이것이 분체의 신비입니다.

다만 저장조에 분체들이 그냥 저장만 되어 있을 때는 얀센의 식이 잘 적용되지 않을 때도 있으나, 가루가 밖으로 배출되는 도중에는 그 적용이 아주 잘 되는 것입니다.

참고로, 예전에 이집트는 피라미드의 도굴이 매우 심각한 사회문제였다고 합니다. 그래서 피라미드의 도굴대책 기술을 분체공학적으로 해결하였는데 모래층의 하부를 간단한 자기그릇으로 막아 모래층을 지탱하고 있고, 그 모래층 위에는 큰 돌을 놔두었다고 합니다. 그러던 중, 도굴꾼이 침입하면 돌을 굴려서 그 자기그릇을 깨면, 모래가 흘러내려 위에 있던 돌이 떨어져서 통로를 막아 도굴꾼이 오도 가도 못 하게 했다고 합니다.

참 대단한 분체기술이 아닐 수 없습니다.

가루의 크기는
다양한 분포를 이룬다

- 개수기준? 체적기준?

우리가 일상생활에서 접하는 가루는 단 한 개로 존재하면서 우리 생활에 영향을 미치는 것은 거의 없습니다. 언제나 뭉쳐서 그 역할을 하고, 집단으로 존재하면서 우리 생활에 밀접한 영향을 끼치는 것입니다.

따라서 가루들이 집단으로 존재할 때는 가루의 크기가 모두 다르므로 그 크기별로 분포를 이루게 되고, 그 분포를 전문적으로는 '입도분포'라 이야기합니다. 그런데 여기서는 그 분포를 정하는 기준에 따라서 가루집단의 평균크기가 어떻게 달라지는가에 대해서 이야기하려고 합니다.

그림을 참고해보면, 우선 한 변의 길이가 4에서 10까지(마이크로미터이든 밀리미터이든 단위는 일정하다고 가정합니다)인 정육면체의 가루가 각 크기별로 다르게 16개가 있습니다. 그림에서 보는 바와 같이 개수기준 - 길이기준 - 면적기준 - 체적(질량)기준으로 갈수록 그 평균경의 크기가 커지는 것을 알 수 있습니다. 따라서 가루들이 집단으로 존재할 때, 대표하는 입자경 중에 하나인 평균경은 어느 것을 기준으로 하느냐에 따라 많은 차이가 나타나는 것입니다.

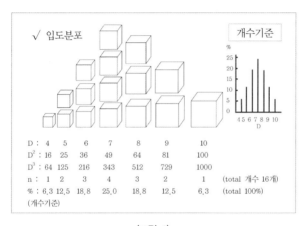

〈그림 1〉

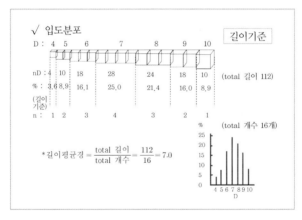

〈그림 2〉

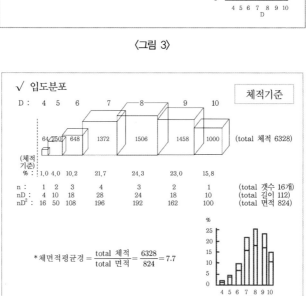

<그림 3>

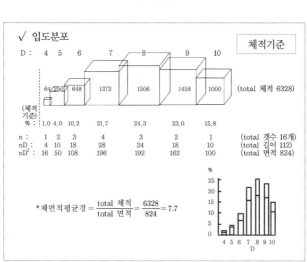

<그림 3>

또한 가루들의 집합에서 입자 크기별로 분포를 나타내기도 하는데, 이를 '입도분포'라 하고, 그 표시법이 <그림 5>에 보이고 있습니다.

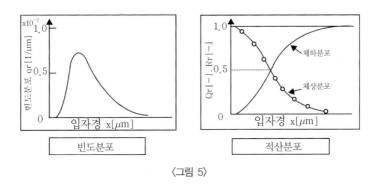

〈그림 5〉

입도분포는 빈도분포(q_r)와 적산분포(체하분포 Q_r, 체상분포 R_r)로 구별에서 설명할 수 있습니다. 빈도분포란 어느 입자 크기 범위의 입자가 존재하는 비율을 말합니다. 빈도분포에 대해서 개수기준과 질량기준과의 차이는 앞의 <그림 1>부터 <그림 4>에서 그 차이를 명확하게 아실 수 있을 것입니다. 적산분포에는 체하분포와 체상분포가 있습니다. 일반적으로 적산분포는 통상 체하분포 Q_r 을 말하고 어느 일정한 입자 크기 이하에 존재하는 입자의 존재비율을 말합니다. 체상분포는 R_r로 나타내고, $Q_r + R_r = 1$로 나타나게 됩니다. 예를 들어, 어느 입자경 x의 체하분포가 0.3이라고 하면, x의 체상분포는 0.7이 되어 전체의 체적이 1이 되는 것입니다.

입도분포의 그림은 가로축은 입자 크기를 나타내고, $x(\mu m)$라 표기하며, 세로축은 적산분포Q_r, 빈도분포q_r에 대하여 개수기준의 경우에는 $r = 0$, 질량기준의 경우에는 $r = 3$이라 표기하고 있습니다. 그다지 많이 사용되지 않지만, 길이기준 $r = 1$, 면적기준 $r = 2$도 있습니다. Q_r의 단위는 무차원 즉, 전체를 1로써의 비율로 표기합니다. q_r의 단위는 $[1/\mu m]$로 $[x, x + dx]$의 입자 크기 범위에 존재하는 입자의 비율을 표시하고 있습니다.

여기서 한 가지 중요한 것은, $Q_r(x) = 0.5$가 되는 입자 크기를 50%경(중위경, median size)이라 말하고, x_{50}이라 표기합니다. 이 중위경은 집단으로 존재하는 가루의 크기를 대표하는 가장 중요한 대표경입니다. 또 빈도가 최대인 입자경으로 모드경이라 부르고, x_{mode}라 표기합니다. 다만 중위경, 모드경 모두 개수기준인가, 체적기준인가에 따라 다르게 되므로 무엇을 기준으로 하는가를 명확하게 할 필요가 있습니다.

가루는 여러 가지 모양

― 형상지수

　가루는 여러 가지 형태를 가지고 있습니다. 아주 완전한 구형에 서부터 울퉁불퉁한 불규칙형, 뾰족한 침상형, 납작하고 편평한 것 등 다양한 형태로 존재하고 있습니다. 그래서 이번 장에서는 가루의 여러 형태를 표현하는 방법에 대해서 이야기하고자 합니다.

　가루의 형태를 표현하는 방법으로 '형상지수'라는 것을 사용합니다. 이 형상지수에 의해 가루의 다양한 형태를 가장 표현하기 이상적인 형태, 예를 들면 구 또는 그 2차원 그림자인 원과 어느 정도 차이가 나는가를 나타낼 수가 있습니다.

　형상지수는 임의로 선택한 두 가지의 대표적 길이의 비로 정의합니다. 우선 대표할 수 있는 길이에 대해서 설명하면, 면적상당경이라는 것이 있습니다.

　면적상당경 x_H 란, 어느 입자에 빛을 쬐어 생기는 그림자의 면적인 2차원 투영면적과 같은 면적을 가진 구형(원) 입자의 직경을 말합니다. 또한 원주상당경 x_L이라는 것도 있습니다. 이것은 앞서 말한 2차원 투영면적(그림자)의 테두리와 같은 원주를 가진 구형(원) 입자의 직경을 말합니다.

여기서 이들 두 가지의 대표경의 비(x_H/x_L)을 원형도라 말합니다. 즉, 입자의 2차원 투영상(그림자)이 원에서 어느 정도 차이기 나는가를 표현하는 식입니다. 원의 경우에 원형도는 '1'이 되고, 투영상이 원에서 멀어질수록 그 값이 작아지게 됩니다.

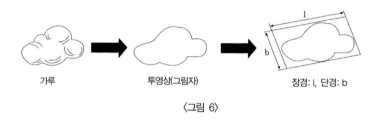

| 가루 | 투영상(그림자) | 장경: l, 단경: b |

〈그림 6〉

또 다른 형상지수로서 〈그림 6〉에서 보는 바와 같이 2차원 투영상(그림자)의 장경x_l과 단경x_b와의 비(x_l/x_b)를 가질 수가 있습니다. 이 비는 장단도를 나타냅니다. 예를 들어 가늘고 긴 입자의 경우에는 장단도는 크게 되는 것입니다. 따라서 장단도가 어떤 값을 가지느냐에 따라서 그 입자가 어떤 형태를 가지는가를 추측할 수 있습니다.

최근에는 이렇게 형상지수를 측정하는 장치도 나와 있습니다. 각각의 가루입자들을 사진을 찍어 화소로 분해하여, 원형도 등의 형상지수를 구하는 방법을 이용하는 것도 있고, 유체 중에서 흐르고 있는 상태에서 입자를 촬영하여 그 화상에서 구해지는 방법도 있습니다. 또한 구형입자와 비구형입자와의 레이저빛의 산란 패턴의 차이에서 형상지수를 구하는 방법도 있습니다.

가루의 크기는 어떻게 잴까?

여러분,

오늘은 한 개의 가루와 가루들이 뭉쳐져 있는 분체에서 '그 크기는 어떻게 알 수 있을까?', '가루의 크기는 어떻게 잴 수 있을까?'를 이야기하려고 합니다. 우리 주위에서 가루를 많이 볼 수 있지만, 그 크기가 얼마나 되는지는 잘 모르는 경우가 많습니다. 그래서 가루의 크기가 어느 정도 되는지와 그 크기를 재는 방법에 대해서 이야기하려고 합니다.

우리가 주변에서 많이 볼 수 있는 볼펜이나 샤프펜슬을 이용해 점을 하나 찍어볼까요? 이때 그 점의 크기는 도대체 얼마나 되는 것일까요? 대체로 볼펜은 1.0㎜에서 0.5㎜ 정도 크기의 점이 찍힐 것입니다. 샤프펜슬 역시 0.5㎜ 정도 크기의 점이 찍히게 되겠지요. 어떻게 그걸 알 수 있냐고요? 우리가 사용하는 볼펜심의 끝부분을 보면, 아주 작은 쇠구슬이 박혀 있습니다. 이것이 볼펜으로 글을 쓸 때 글씨의 굵기를 결정하게 되는 것이지요. 결국 우리가 쓰는 볼펜에도 분체의 기술이 이용되고 있는 것입니다.

그런데 여러분, 가루박사님과 같이 가루를 연구하는 사람들은 가루를 다루면서 가장 어려운 것이 가루의 크기를 아는 일입니다. 앞에서 이야기한 볼펜의 경우와 같이 가루알갱이가 구형이라면 그 크기를 구의 지름으로 표시하면 문제가 없습니다. 그렇지만 우리가 알고 있는 보통의 가루들은 대부분이 불규칙한 형태를 가지고 있어요. 또 일반적으로 분체라고 하는 것은 가루알갱이 여러 개가 모여서, 그 알갱이 하나하나가 서로 다른 모양을 하고 있습니다. 그리고 그 크기도 조금씩 모두 달라 분포를 만들고 있어요. 그렇기 때문에 가루의 크기를 재는 것이라든지, 분체의 크기를 나타내는 일은 아주 어려운 일입니다.

그렇다면 가루의 크기를 재는 방법을 이야기해볼까요?

먼저 가루를 볼 때 평면으로 보는 방법과 입체로 보는 방법이 있습니다. 현미경을 볼 때와 같이 평면으로 가루를 보면, 가루 하나에 가로와 세로로 평행한 두 선을 그어 긴 쪽을 l, 짧은 쪽을 b라고 표시할 수 있어요. 또, 눈앞에서 실제로 보듯이 입체로 보면 긴 쪽을 l, 짧은 쪽을 b 그리고 두께를 t로 나타낼 수 있습니다. 그림에서 보는 것과 같이 가루의 크기는 평면으로 보면 두 가지, 입체로 보면 세 가지로 나타낼 수 있겠지요. 따라서 가루의 크기를 결정할 때는 이러한 것들을 길이로 삼아, 평균을 내어서 결정하는 방법이 있습니다.

그러면 다른 여러 가지 방법을 한번 소개해볼까요? 여러분도 하나씩 곰곰이 생각해보기를 바랍니다. 과연 어떤 방법이 가루의 크기를 나타내는데 가장 적합한 방법일까를……

첫 번째는, 위에서 이야기한 것 같이 가루를 평면으로 보고 가루에 딱 맞게 평행한 두 선을 그어 그 사이의 가장 짧은 거리를 나타내는 방법입니다. 두 번째는 가루에 빛을 쬐면 가루의 그림자가 생기겠지요. 그 그림자를 똑같이 반으로 나누는 직선을 그어 그 직선의 길이로 나타내는 방법입니다. 세 번째는 가루의 안 또는 밖에 원을 그려 그 원의 지름을 길이로 하는 방법이고, 네 번째는 가루의 면적을 계산해서 그 면적과 같은 면적의 원을 그려서 그 원의 지름을 길이로 하는 방법, 다섯 번째는 가루의 면적을 계산해서 같은 면적의 정사각형의 한 선분의 길이가 결정하는 방법 등이 있습니다. 끝으로는 좀 어려운데, 실제로는 가장 많이 사용되고 있는 방법으로 가루가 물속에서 떨어질 때 그 속도를 측정하고 그 속도와 같은 속도로 떨어지는 구를 가정해서 그 지름으로 결정하는 방법이 있습니다.

그렇다면 '어느 것이 진짜 입자의 크기일까?'라는 질문이 생기게 되겠지요. 하지만 가루가 구형이 아니라면 진짜 크기는 없다고 할 수 있겠습니다. 그렇기 때문에 가루의 크기를 측정한 후 반드시 어떠어떠한 기준에서 측정하였다는 것을 적어줄 필요가 있는 것입니다.

어때요? 좀 어렵지요?

그렇다면 좀 더 알기 쉽게 이야기해볼까요?

직경이 100μm(1mm의 1/1,000)인 구형의 가루와 한 변이 80μm인 정육면체의 가루가 있다고 가정을 해봅시다. 이 둘 중에서는 어느 쪽이 크다고 할 수 있을까요? 계산해서 구해보면, 크기는 직경 100μm

의 구가 크게 되고, 표면의 면적은 80μ㎡의 정육면체가 크게 되겠지요. 그리고 100μ㎡ 구형입자는 100μ㎡의 구멍을 겨우 통과하지만 80μ㎡의 정육면체는 통과할 수 없는 경우도 있습니다. 따라서 비교하는 기준에 따라 그 대소관계가 변하게 되는 것입니다.

그런데 여러분, 앞에서도 이야기했지만, 우리가 일상생활에서 만나는 가루들은, 바로 위에서 이야기한 구형이나 정육면체인 가루들이 아니라 불규칙한 모양의 여러 개의 가루들이 모여 있기 때문에 그 가루들 전체의 크기를 알아야 하는 어려움이 있어요. 그렇기 때문에 모여 있는 가루들, 즉 분체를 측정할 때는 어느 크기부터 어느 크기까지의 가루들이 모여 있다는 그 분체의 분포를 알아야 하고, 그 분포 중에서 가장 가운데 크기인 50%의 크기(중위경)를 대표로 사용하는 경우가 가장 많습니다.

여러분,

오늘 가루박사님이 이야기해준 가루의 크기를 재는 법은 좀 어려우면서도 생소하게 다가왔을 것이라고 생각합니다. 지금 가루박사님은 여러분에게 가장 먼저 가루의 크기를 알고 싶으면 현미경으로 관찰해보라고 이야기하고 싶어요. 무엇보다도 가루의 크기와 모양을 확실하게 아는 방법은 직접 눈으로 보는 일이니까 말입니다. 앞으로도 여러분이 가루를 만났을 때, 그 크기가 얼마나 될까를 한번 생각해보면 사물을 바라볼 때, 좀 더 재미있지 않을까요?

그럼, 안녕.

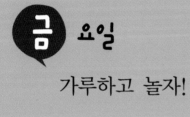 요일

가루하고 놀자!

전자복사와 프린트는
가루가 결정한다

- 토너

최근 들어서는 아주 자연스럽게 복사를 하고 컴퓨터를 통해 문서와 그림 등을 작업한 후 프린트를 하곤 합니다. 이제 완전히 우리의 생활 중에 없어서는 안 되는 복사기나 프린터기 심지어는 팩스기에 이르기까지 광범위하게 사용되는 토너에 대해서 이야기해보려고 합니다. 토너야말로 가루공학, 즉 분체공학기술의 집대성이라고 할 수 있을 것입니다.

최근의 복사기는 이전에는 상상도 할 수 없이 빠르고 깨끗하게 복사가 되고 있습니다. 더욱이 컬러복사기도 등장해서 마치 사진과 같이 복사할 수 있는 시대를 맞이하였습니다. 이렇게 될 수 있었던 이유에는 깨끗하게 복사할 수 있는 고성능 종이(정밀광학계 및 고성능 감광체 등)의 개발과 더불어 토너의 고성능화 덕분입니다.

토너는 보기에는 간단해 보이지만 전기를 띠는 특성이나 가루의 유동성 그리고 열에 녹는 열융해성 등 기술적으로 매우 전문적인 제어가 필요합니다. 또한 토너의 가루입자들은 성질이 다른 몇 가지의 물질을 섞어야 하며, 복합화한 덩어리를 분쇄하고 크기별로 분급한 후 표면을 처리해야 합니다. 크기는 거의 10μm의 크기로 균일해야 하며, 7μm 정도의 구형입자를 화학적으로 합성하는 것도 생겨나고 있습니다.

좀 더 기술적으로 설명을 드리면, 전자복사는 분체의 마찰대전현상을 이용하고 있습니다. 복사기에 종이가 걸렸을 때에 장치의 뚜껑을 열어본 사람들은 내부를 들여다보면서 이게 무엇일까 하는 생각을 해본 적이 있을 것입니다.

둥글고 긴 회전체(감광체)나, '고전압 주의'라 쓰여 있는 부분이나 열을 가진 부분 등 많은 복잡한 부속품들이 들어 있기 때문입니다. 간단하게 그 원리를 설명하면 다음과 같습니다.

1 맨 처음에 감광체 드럼의 전면에 전기를 띠게 하고, **2** 복사를 하고자 하는 원고에 빛을 닿게 하여 그 반사된 빛을 감광체에 닿게 합니다. **3** 반사광에 닿은 부분은 전기저항이 적어 전하는 없어지고 반사광이 닿지 않은 부분에만 전하가 보존됩니다. 그리고 **4** 토너입자를 감광체에 진동시키면 토너입자는 전기를 띠는 곳에만 부착하여 원고와 같은 형태로 토너를 입히게 됩니다. **5** 이때, 토너입자는 용지의 위에서 정전기로만 부착하고 있기 때문에 열을 가해 복사하고자 하는 종이에 잘 들러붙게 하는 것입니다.

결국 토너입자의 고성능화로 점점 더 복사가 잘 되어가는 것으로 복사도 분체기술이 지배하고 있습니다.

밤에도 환해요

- 글라스비즈

한밤중에 어두운 고속도로나 국도를 자동차로 달리고 있을 때, 차선을 구별할 수 있는 로드마크가 잘 보이면 안심하고 운전을 할 수 있습니다.

이 로드마크에 사용되고 있는 것이 바로 글라스비즈라고 하는 유리가루입니다. 자동차의 전조등 불빛은 로드마크에 묻혀 있는 유리가루에 빛이 들어가서 유리가루를 통과하면서 빛이 굴절된 후 원래 표지판에 칠해져 있는 도로에 반사되어 입사한 방향으로 되돌아 나오는 것입니다. 이것을 전문적인 용어로는 유리가루에 의한 재귀반사효과라 부릅니다.

빛의 굴절반사를 이용한 것으로써는 교통표지나 도로작업용 의복 등이 있고, 최근에는 어린이들의 안전을 위하여 신발이나 옷에도 반사표시가 붙어 있는 것이 있습니다. 이뿐만 아니라 반사 의자, 반사 자전거 등도 있습니다. 즉, 유리가루는 우리의 안전을 우리도 모르는 사이에 지켜주고 있는 것입니다.

유리가루는 우리가 흔히 알고 있는 실리카(이산화규소)가 주성분으로 산화나트륨, 산화칼슘 등을 첨가하여 더 단단하고 빛이 잘 통과하게 만듭니다. 요즘 많이들 사용하는 유리구슬 공예의 원재료라 생각하면 알기 쉽습니다.

그런데 여기서 꼭 알아두어야 하는 것은, 유리가루가 로드마크에 포함이 될 때는 그 크기가 균일해야 빛이 굴절하는 양이 균일하고, 더 반짝반짝하게 빛이 날 수 있습니다. 그래서 그 크기를 균일하게 하는 것도 매우 중요한 기술입니다.

그럼, 여기서 로드마크에 사용되는 유리구슬을 좀 더 살펴보면, 유리구슬에는 여러 가지가 있지만, 크기는 백에서 수백 마이크로미터인 것으로 교통표지용으로 사용되고 있고, 이렇게 반사가 잘 되는 유리구슬은, 빛이 들어가서 굴절되는 성질인 굴절률이 큰 산화바륨, 산화아연, 이산화티탄 등의 첨가물이 들어가 있는 것이 사용되고 있습니다.

유리구슬은 이외에도 여러 가지 용도로 사용되고 있으며, 아주 작은 유리가루도 공업용으로 많이 이용되고 있습니다. 따라서 여러분이 조금만 일상생활에서 눈을 크게 뜨고 살펴보면 온통 가루의 세상인 것입니다.

불에 타는 쇳가루

- 비표면적의 증가

촛불을 켜고 쇠못을 불꽃에 가져다대면 쇠못에는 아무런 반응이 일어나지 않습니다. 그리고 쇠못을 성냥처럼 성냥통에 그어도 불은 붙지 않습니다. 하지만 우리가 부엌에서 자주 사용하는 스테인리스 호일 수세미를 촛불에 대면, 마치 화약이 타듯이 탁탁거리는 소리를 내면서 불이 붙는 것을 볼 수 있습니다. 또한 불이 붙어 있는 예전의 난로에 쇳가루를 넣어보면 순간적으로 쇳가루에 불이 붙는 것을 알 수 있지만, 뜨거운 가마나 불을 가한 그릇 속에서는 쇳가루에 불이 붙지 않습니다.

이러한 이유는 가루가 아주 작게 되어 그 표면적이 넓어지면 산소와 닿는 면적이 넓어지고, 그래서 마치 불이 붙는 것처럼 보이기 때문입니다.

물체를 자르면 새로운 표면이 생깁니다. 더욱 더 가늘게 쪼개면 계속해서 새로운 표면이 생겨나게 됩니다. 따라서 아주 작은 크기의 가루인 초미립자(1㎛보다 작은 입자)로까지 작게 하면, 하나의 덩어리일 때에 비해서 새로운 표면의 면적이 매우 크게 됩니다. 이렇게 생긴 표면에서 산화를 시작으로 화학반응이 일어나게 되고, 일반적으로 물체의 반응은 물체의 표면에서 진행되므로 표면적이 크면, 반응속도가 매우 크게 되고, 앞에서 말한 바와 같이 쇳가루도 공기 중에서 타는 것처럼 되는 것입니다.

어떤 물질을 술 등에 섞어 용해시키는 경우에도 아주 작은 가루로 만들면 용매와의 접촉면적을 증가시켜 용매에서 용해속도를 증가시킬 수가 있습니다. 그렇기 때문에 잘 녹지 않는 의약품 등도 가루약으로 하면 좀 더 빠르게 녹을 수 있는 것입니다. 하지만 용해속도가 빨라져 급격하게 액체 중의 농도가 높게 되면 부작용을 일으킬 수도 있으므로, 특히 약물에 있어서는 가루의 크기 조정이 중요한 것입니다.

가루를 취급하는 학문분야 즉, 분체공학에서는 표면적의 크기를 표시하는 방법으로 비표면적이라는 수치가 사용되고 있으며, 이것은 어느 일정한 단위체적(예를 들면 1㎥)당, 또는 단위질량(예를 들면 1kg)당 그 물질이 갖고 있는 표면적으로 정의됩니다. 따라서 비표면적은 입자의 크기에 반비례하는 것입니다.

예를 들어 비중이 1인 물질의 경우 직경이 1㎜의 정육면체 입자의 비표면적은 6(㎡/kg)이지만, 1㎛인 입자의 비표면적은 6,000(㎡/kg)로 되고, 이것은 1g 가루의 표면적이 6㎡이라는 것입니다.

왜 가루로 만들까?

- 유효성분의 횟수

우리가 올림픽에서 금메달을 따면, '금맥을 캤다'거나 '금광이 쏟아진다'는 등의 이야기를 합니다. 하지만 우리가 광산에서 금광이나 은광 또는 여러 가지 유용한 성분의 광석을 발견했을 때, 그 광석만으로 돈을 벌 수 있을까요?

자연적인 광석에 포함되어 있는 유효성분의 함유량이 100%인 경우는 있을 수 없습니다. 100%라는 것은 광석을 가공해서 마치 금괴(금덩어리)처럼 유효성분만을 모아두어야 하는 것입니다. 통상의 광석은 유효성분이 수 퍼센트 이하인 것으로 불필요한 부분이 대부분인 것입니다.

그뿐만 아니라 광석 안을 살펴보면 광물의 성분이 한 종류만으로 되어 있지는 않습니다. 그래서 광물에 함유되어 있는, 우리가 필요로 하는 목적광물을 다른 필요 없는 물질과 분리해내는 조작을 '선광'이라 하고 이는 분체공학에서 매우 오래전부터 중요시되는 기술입니다.

선광의 기본은 우선 광석을 작은 가루로 만드는 것입니다. 우리가 필요로 하는 유효성분은 광석 전체에 균질하게 존재하고 있는 것만이 아니고 어느 일정부분에 뭉쳐서 그 뭉친 부위가 여러 곳에 퍼져 있는 경우가 대부분입니다. 따라서 목적광물이 풍부하게 뭉쳐 있는 부분까지 작게 부수어(단일성분까지) 비중차 등으로 분리 회수하게 됩니다. 최근에서는 자원의 고갈로 인해 유효성분이 아주 적게 들어 있는 광석도 개발해야 하므로, 선광을 할 때 미분쇄의 필요성이 급증하고 있습니다. 즉, 어떤 광산에 있어서도 선광을 하기 위해서는 분쇄라는 분체기술이 기본으로 사용되는 것입니다. 이것이 가루를 다루는 기술입니다.

그뿐만 아니라 술을 만드는 곳에서도 가루를 다루는 기술이 이용됩니다. 예를 들어 정종을 만들 때 그 맛은 쌀과 물에서 결정됩니다. 특히 쌀이 매우 중요한 요인입니다. 단백질이나 지방, 무기질, 비타민 등의 함유량이 적은 쪽이 맛이 좋지만, 대부분 어느 정도 다른 성분이 함유되어 있습니다.

이들의 성분은 좋은 술을 만드는 데 나쁜 점으로 작용합니다. 현미는 배아나 외층부에 유해성분이 많이 있으므로 이 부분을 없애야 하고, 이 조작을 '정미'라고 합니다. 보통 술의 경우는 정미보합(남아 있는 비율) 70~75%의 백미로 합니다. 그래서 지방이나 무기질은 대체로 제거되지만 단백질은 쌀가루의 중심까지 존재하므로 4~5% 정도까지 작아집니다.

정미보합이 30~50%로 되면 단백질은 2~3% 이하로 되므로 매우 맛있는 대금양주가 될 수 있습니다.

이와 같이 큰 덩어리를 제거하고 가늘게 하는 성분별로 되는(단성분화) 것도 가루로 하는 효과의 한 가지입니다. 각종 잡다한 자원이 혼재하고 있는 폐기물에서의 자원 리사이클링에 있어서도 이 단성분화(분쇄조작)가 중요한 열쇠가 되고 있습니다.

도자기의 발명은 첨단분체기술

- 도자기에서 세라믹스까지

  우리나라에는 고려청자라는 세계 어느 곳에 내놓아도 그 우수성을 드러낼 수 있는 훌륭한 예술작품이 존재하고 있습니다. 또한 도자기는 아주 오래전부터 예술작품뿐만 아니라 우리 일상생활에서 많이 쓰이는 생활용품이기도 합니다. 고대벽화에도 곡물을 도자기 그릇에 담아놓은 것이 보일 정도로 그 기원을 찾을 수가 없을 만큼 오랫동안 우리 일상생활과 가까이 하고 있습니다.

  따라서 도자기는 인류가 지금 세상에 창조한 최초의 공업제품이라 말해도 좋을 것입니다. 그 당시까지의 소재(돌이나 목재)를 쪼개고 깎아서 필요한 제품을 만드는 것은 시간과 노력이 아주 많이 드는데 반해서, 점토(가루)를 물로 반죽하여 형태를 만들고, 건조하여 구워서 대량으로 생산할 수 있는 기술로 발전한 것입니다.

  그 비약적 발전은 신석기시대 중엽의 '불을 피우는 기술'을 발견하면서부터일 것입니다. 수렵으로 얻은 고기를 구워서 먹은 아래 흙이 딱딱해지는 것을 발견하면서 도자기를 굽는 방법을 생각하게 되었을 것이라 추정하고 있습니다. 그냥 도자기를 빚어서 건조하는 것만으로는 용기로 사용하기에 부족하지만, 구우면 가루들 서로가 확실하게 밀착하여 강도가 증가하게 되는 것을 알았을 것입니다. 이것이 바로 '성형', '가공', '소결'이라는 현재 분체기술로 이어진 것으로 마치 기술혁신과 같은 것입니다. 즉, 토기에서 시작하여 그것을 구운 도자기로 진화하여 현재의 세라믹스 기술까지 승화하게 되었습니다.

세라믹스란 도자기와 같이 '가루'를 고온에서 구운 것입니다. 여기서 도기는 흙을 빚어 만든 것을 약 1,200℃ 정도에서 구운 것으로 기공이 다소 남아 있어 흡습성이 있는 것이고, 자기는 점토에 석영이나 장석을 분쇄한 가루를 혼합한 것을 1,300~1,400℃라는 높은 온도에서 구운 것이므로, 원료의 일부가 유리와 같이 녹아서 기공을 막기 때문에 투과성이 있는 것입니다.

최근에 주목받고 있는 뉴세라믹스는 원래 천연으로 존재하지 않는 화합물(탄화물이나 질화물)을 화학적으로 합성하거나, 천연물에도 개선된 물리화학적 수법으로 결정구조나 순도를 조정한 '매우 미세한 가루'를 원료로 한 세라믹스인 것을 말하고 있습니다.

아주 비싼 고가의 커피잔도 원시시대에 토기를 만들던 분체기술에서부터 그 유래가 시작된 것입니다.

얼음은 투명한데
눈은 왜 하얄까?

얼음도 눈도 모두 물의 고체상태인데, 왜 얼음은 투명한데 눈은 하얗게 보이는 것일까요? 이것이 바로 가루의 특성입니다. 눈은 미세한 얼음가루의 집합이기 때문입니다. 눈가루 하나하나는 투명하지만 미세한 가루들이 쌓여 층을 이루게 되면, 빛이 각 가루에 의해 불특정한 방향으로 반사되어 통과하지 않기 때문으로 불투명하게 보이는 것입니다. 또 눈가루는 우리가 눈으로 보는 가시광선의 모든 파장을 반사하여 하얗게 보이는 것입니다.

물건에 색깔을 입히거나 표면을 보호하는 데 이용되는 가루를 안료라고 합니다. 물이나 기름 등에 섞어 미술재료나 도료로 이용하고 있습니다. 이러한 도막은 미세한 입자층으로 되어 있고, 이것에 빛을 닿게 하면, 빛의 일부는 가루의 표면에서 불특정한 방향으로 반사되어 일부는 가루를 통과하지만 다음 가루에서 또 반사됩니다. 따라서 빛은 끝까지 바닥에 도달하지 못하고 흩어져서 표면에 나타납니다.

눈과 같이 전체 파장의 빛을 반사하는 성질을 가진 가루의 경우, 도포된 면은 백색으로 보이고, 적색이나 청색의 빛을 흡수하고 있는 가루의 경우는 빛이 몇 번 가루를 통과하는 중에 적색이나 청색의 빛이 흡수되어 녹색의 빛만 나오지 않기 때문에 도포된 면은 녹색으로 보이는 것입니다.

그렇지만 극지방의 얼음은 실제로 희고 불투명하다는 것을 알고 계십니까? 장소에 따라 다르기는 하지만…… 에스키모들의 집인 이글루도 얼음으로 지었지만 불투명한 상태인 것입니다. 이것은 왜냐하면, 극지방에 내린 눈은 여름이 되어도 그다지 녹지 않습니다. 다음해 겨울에는 또 그 위에 새로운 눈이 쌓이게 됩니다. 쌓인 눈의 층에는 공기 층이 있습니다. 나중에는 쌓인 눈의 아래쪽은 위에서 중첩이 되어 압축된 얼음으로 됩니다.

그러면 눈 사이에 있던 공기는 도망가지 못하고 미세한 공기방울이 되어 얼음 중에 산란시켜 불투명한 얼음이 되는 것입니다. 그 때문에 수만 년 전에 쌓인 눈(얼음)의 공기방울에는 수만 년 전 공기가 갇혀 있는 것은 아닐까요?

떼려야 뗄 수 없는
생활 중의 가루

– 가루아주머니를 따라가 보자

우리 주위의 아주 평범한 어느 부인의 하루를 살펴보기로 하겠습니다. 젊은 부인에게 있어 아기를 보살피는 것은 매우 어려운 일이지만, 종이기저귀가 나오고 그것을 사용하게 되면서 많은 수고가 덜어졌습니다. 종이기저귀의 내용물은 흡수성 폴리머(polymer)라 부르고, 자신 무게의 수백 배의 물을 흡수하여 떨어뜨리지 않는 성질을 가지고 있는 가루입니다. 그렇기 때문에 얇은 종이기저귀가 아기들의 소변을 흡수할 수 있는 것입니다.

또한 어린이는 땀이 많아서 베이비파우더라고 부르는 '분'을 항상 발라주어야 합니다. 분이야말로 글자 그대로 가루를 나타내는 말입니다. 베이비파우더의 주성분은 텔크(talc)라는 점토광물입니다.

어린이를 보살피는 것이 끝나면 주방으로 갑니다. 밀가루는 말할 것도 없고, 소금, 설탕, 고춧가루, 후춧가루, 고추냉이 등등 많은 조미료들이 가루로 되어 있습니다. 이들의 공통점은 가루로 만들면 보존성이 좋게 되고 조리를 할 때 다루기가 쉽다는 점이 있습니다. 그 외에도 밤가루, 찹쌀가루, 콩가루, 가루치즈, 가루우유, 화학조미료 등 음식물을 조리할 때에 가루 없이는 아무것도 할 수 없는 지경입니다.

자, 다음은 빨래를 살펴보겠습니다. 분말세제에는 환경오염에 주범이 되는 인산염이나 거품을 일으키기 어렵게 하는 수중의 마그네슘 이온이나 칼슘 이온을 흡착하는 제올라이트라 부르는 가루가 들어 있습니다. 이 물질의 구조는 빨래를 쉽게 하기 위해서 이온을 끄집어내기 쉬운 아주 미세한 구멍을 가지고 있습니다.

세탁이 끝나고 쇼핑을 따라가 보겠습니다. 외출하기 전에는 햇볕에 타는 것을 막기 위해서 선크림으로 피부를 보호합니다. 햇볕에 타는 것을 방지하는 크림에는 산화티탄 가루가 포함되어 있습니다.

화장을 하는 화장품에 대해서는 다음 장에 따로 설명을 드리겠습니다.

어쨌든, 아침부터 저녁까지 가루투성이 부인입니다.

가루가 당신의
피부를 지켜준다

- 화장품과 가루

여성들이 화장을 하는 데 필수품이라고 할 수 있는 것이 파운데이션입니다. 최근에는 남성들까지도 화장을 하기 위해서 많이 사용하고 있습니다. 파운데이션은 얼굴의 기미와 주근깨를 덮어주고, 땀구멍을 메우고, 피부색을 일정하게 하여 전반적으로 화장을 한층 더 돋보이게 합니다. 그렇기 때문에 다양한 기능을 가진 여러 가지 가루가 이 파운데이션에 사용되고 있으며, 오늘은 그 대표적인 소재에 대해서 특성과 기능을 이야기하려고 합니다.

파운데이션의 가장 대표적인 주성분은 탤크(함수규산마그네슘, 활석)라고 하는 점토광물입니다. 이 광물은 가루의 구조가 평편한 판처럼 되어 있어 피부에 덮으면 바삭거리는 감촉을 얻을 수 있습니다. 이는 화장품 이외에 베이비파우더에도 사용됩니다. 또한 같은 점토광물의 일종인 마이카(운모)는 반짝이는 효과가 있어 이 가루를 첨가하면 하얀색을 강조하면서 펄과 같은 빛의 반사효과를 노릴 수 있습니다.

그뿐만 아니라, 앞 장에서 말씀드린 여름철 어린이들의 땀띠를 예방주는 베이비파우더도 가루입니다. 베이비파우더 역시 주성분은 탤크인데 이 탤크는 표면이 매끄러우면서 부드럽고 미끄러지기 쉬운 성질을 가지고 있어, 이 가루를 피부에 바르면 매끌매끌한 감촉이 얻어집니다. 따라서 쉽게 이야기하면, 여름철 아기들은 점토로 온몸이 감싸져서 땀띠를 막을 수 있다고 말할 수 있습니다.

그리고 햇볕에 타는 것을 막기 위해서 우리는 선블록(sun block) 크림으로 피부를 보호합니다. 햇볕에 타는 것을 방지하는 크림에는 산화티탄이라는 광물의 가루가 포함되어 있는데, 이 가루는 빛을 반사하면서 자외선을 흡수하는 성질이 있습니다. 더욱이 그 가루들의 입자 크기를 작게 하면 작게 할수록 자외선 차단효과가 크게 되기도 합니다.

그리고 무기산화물의 일종으로 석영이나 규조토를 원료로 하여 만들어지는 각종 화장품들도 있으며, 여러 가지 색을 내는 화장품들도 각종 광물가루들이 그 역할을 하고 있습니다.

우리의 얼굴을 아름답고 돋보이게 하기 위해서, 여러 가루들이 활약하고 있습니다.

아름다운 불꽃

‑ 가루의 비밀

　제가 사는 부산에서도 매년 불꽃축제가 벌어지고 있습니다. 시원하게 쏘아 올라가다가 활짝 퍼지는 불꽃은 보관되지 않고 사라지는 것에서 그 예술의 참맛을 느낄 수 있는 것 같습니다. 특히 깜깜한 창공에 그저 몇 초간 고운 자태를 보여주고 사라지는 것은 아쉬움을 남기는 예술품이라 아니할 수 없을 것입니다.

그런데 불꽃이 어떻게 만들어지고 어떤 구조로 되어 있는지 살펴보면, 불꽃에서 가루의 비밀이 숨어 있는 것을 알 수 있습니다.

불꽃은 화약에 불씨를 연결하는 도화선이 있고 예쁜 색깔을 내는 부분이 있습니다. 그 재료를 살펴보면, 일반적으로 노란색은 나트륨, 붉은색은 스트론튬, 파랑색은 구리, 녹색은 바륨 이온에서 방출되는 빛에 의한 것입니다. 이렇게 색을 내는 물질들이 순간적으로 연소반응을 일으켜 그 반응색이 나타나는 것이 불꽃의 색깔을 내게 되는 것이고, 그 물질들은 가루들이 혼합되어 있는 것입니다.

그리고 폭죽의 무늬는 그 가루로 된 물질들을 어떻게 혼합하고, 그 물질들이 폭발할 수 있게 폭약의 발화순서를 달리한다든지, 그 물질들의 양을 어떻게 조절한다든지 하는 데서 다르게 되는 것입니다. 이렇게 무늬의 모양을 달리하는 기술이 바로 불꽃의 작품성과 예술성을 결정하는 노하우이며, 매우 어려운 기술입니다.

또한 불꽃재료를 기능별로 분류하면, 산화제, 가연제, 효과제 및 바인더(결합제) 등이 있으며 이 모든 재료들 역시 가루로 되어 있습니다.

끝으로 불꽃놀이 중에 빼놓을 수 없는 것이 불꽃이 터질 때의 소리입니다. 이때 보다 극적인 소리를 내기 위해서 아주 곱게 분쇄된 티타늄과 급속히 연소하는 산화제의 혼합물인 '플래시 파우더'라는 것을 사용합니다. 그뿐만 아니라 불꽃이 탈 때 '지지직'거리는 소리를 내기 위해서 알루미늄 금속파편이 들어가기도 합니다.

이래저래 가루와는 뗄 수 없는 불꽃놀이입니다.

뭉치면 변하는 가루들

여러분,

여러분은 어린이날이나 생일이 되면 무슨 선물을 받고 싶으세요? 컴퓨터? 오락기? 예쁜 인형? 그림을 그릴 수 있는 색연필? 또 무엇이 있을까…… 오늘은 가루박사님이 지금 여러분 주위에 있는 많은 물건들 중에 가루랑 같이 모여서 새로운 물질이 되거나 그 물건의 성질을 좀 더 유익한 방향으로 만드는 이야기를 해주려고 합니다. 물론 가루는 가루 자체로도 훌륭한 역할을 하는 경우도 많지만, 다른 물질과 섞이면 더욱더 그 능력을 발휘하는 경우가 많습니다.

먼저 플라스틱과 가루와의 관계를 이야기해 볼까요? 우리 주위를 둘러보면 플라스틱이 아주 많이 사용되고 있지요? 아마도 먹는 것을 빼면 거의 대부분이 플라스틱으로 되어 있을 것입니다. 하물며 세상을 만들었다는 조물주가 유일하게 빠뜨린 것이 플라스틱이라고 할 만큼 플라스틱은 우리 인간이 발명한 여러 가지 중에서 매우 중요한 물질이라고 할 수 있습니다. 그런데 가루박사님은 지금 여기에

한 걸음 더 나아가 플라스틱에 여러 가지 가루를 섞어 성능을 좋게 만드는 것을 이야기하려고 합니다.

앞에서 말한 이런 것을 복합재료라고 하는데 예를 들면, 쇠보다 강한 플라스틱, 전기가 통하는 플라스틱 같은 것들이 있습니다. 먼저 복합재료라 하면 크게 두 가지 이상의 재료를 섞어서 물건을 더욱 단단하게 하고, 외부환경으로부터 보호하는 그런 역할을 하게 하는 것으로, 건축재료인 콘크리트나 옛날 조상님들이 집을 지을 때 진흙에 짚을 섞은 토담 등이 그 대표적인 예라 할 수 있습니다. 또한, 플라스틱의 경우는 개발된 이후, 이 지구 상의 곳곳에 쓰이지 않은 곳이 없을 정도로 다양하게 제품으로 사용하고 있지만, 결정적으로 전기가 통하지 않는 부도체이기 때문에, 전기나 전자재료의 측면에서는 쓸모없는 물질이었습니다. 그런데 최근 플라스틱에 눈에 보이지 않는 금속분체입자를 차례로 배열하여 혼합하는 기술이 개발되면서, 전기가 통하는 플라스틱이 탄생하여 다양한 용도로 사용되고 있습니다. 또한 톱밥과 같은 목분(木粉)을 이용한 복합재료가 최근 크게 주목받고 있는데, 이제까지 폐기물로 처리되던 건축자재를 부술 때 나오는 물질 등이나 톱밥 등을 이용하여, '나무처럼 보여도 나무는 아닌' 목재 대체 복합재료의 상품화로 자연을 보호하고, 우리 주위의 환경오염을 덜하게 해주며, 오래가고 열에 강한 품질 좋은 제품들이 속속 개발되고 있습니다. 그리고 이렇게 가루를 이용한 복합재료는 무게가 이전의 것에 비해 매우 가벼운데, 이것은 우주왕복선의 경우 무게를 1kg 줄이면, 전체비용을 4천만 원 정도 절약할 수 있고, 민간항공기의 겨우 1kg 감량에 1백만 원 정도의 비용을 절감할 수 있다는 예에서 보듯이 우리 생활에 아주 큰 도움이 되는 연구개발이라고 할 수 있습니다. 결국 가루를 이용한 새로운 제품의 개발은 무에서 유를 창조하는 것이 아니라, 유에서 더 나은 유를 창조하는 매우 유익한 기술이라는 것입니다.

그럼, 또 다른 물질과 함께 섞여서 훌륭한 역할을 하는 가루에 대해서 좀 더 알아볼까요?

여러분은 어두운 밤길에 차를 타고 고속도로를 달려본 적이 있습니까? 이때 서울까지는 몇 킬로미터 남았다는 표지판을 본 적이 있습니까? 아니면 시골길을 밤에 갈 때 길 옆의 국도변에 여기는 위험하니 돌아가라는 표지판을 본 적이 있습니까? 이런 것을 '로드마크(road mark)'라고 하는데 운전을 하시는 아빠나 엄마에게 여쭈어보면 밤중에 운전을 할 때 이런 것은 운전에 매우 도움을 준다고 하실 것입니다. 그럼 이런 로드마크와 가루가 무슨 관계가 있냐고 묻고 싶지요? 여기에 바로 가루의 비밀이 숨어 있는 것입니다. 바로 유리가루가 표지판에는 붙어 있거든요. 표시판을 자세히 보면 페인트뿐만이 아니라 아주 미세한 유리가루가 페인트와 함께 표지판 표면에 묻어 있는 것을 알 수 있습니다. 이것은 자동차에서 나오는 전조등의 빛을 유리가루가 반사하면서 페인트의 색깔과 함께 다시 우리에게 되돌려 보내주는 것이지요. 그러니까 밤중에 표지판이 환하게 보이는 것은 전부 유리가루 때문이라고 할 수 있습니다. 그렇지만 이 유리가루도 페인트와 함께 있지 않으면 아무런 색깔도 내지 못하고 그냥 빛만 반사하게 되겠지요. 결국 로드마크 안의 유리가루는 우리의 귀중한 생명을 지켜주는 것입니다.

자, 그러면 이제 바로 우리 옆에서 볼 수 있는, 더불어 사용되는 가루를 한번 살펴볼까요?

여러분은 어릴 때 기저귀를 했던 적이 있을까요? 기억나지 않는다고요? 그럼 동생이나 아기들이 기저귀를 하는 것은 많이 보았겠지요? 요즘은 거의 대부분의 사람들이 일회용 종이기저귀를 쓰고 있습니다. 혹시 종이기저귀에 오줌을 싸기 전에 안을 들여다본 적 있습니까? 없다고요? 종이기저귀는 제법 비싼 물질이라 새 것의 안을 들여다보기는 힘들었겠지요. 그렇다면, 오줌을 누고 난 후의 기저귀와 새 기저귀를 같이 본 적이 있습니까? 그냥 종이기저귀는 뽀송뽀송한 종이에 불과하지만, 오줌을 누고 난 기저귀는 마치 안에 젤리가 든 것처럼 물컹물컹하게 된답니다. 그 이유가 바로 가루 때문이지요. 종이기저귀 속에는 자기 몸무게의 수백 배 물을 흡수할 수 있는 고분자물질이 가루로 되어 들어 있습니다. 이 물질들은 전분과 같이 인체에 무해한 가루들로 아기들이 오줌을 싸면 이 가루들이 바로 흡수해서 젤리처럼 만들어버립니다. 그러면 피부에 닿는 부분은 항상 뽀송뽀송하고 오줌도 옆으로 흐르지 않는답니다. 이렇듯이 가루는 혼자 있을 때보다 다른 물질들과 더불어 사용하면 더 큰 힘을 발휘하게 되지요.

자, 그럼 가루박사님이 여러분에게 또 하나 물어봐도 될까요? 혹시 여러분은 서예를 해본 적이 있습니까? 아니면 먹으로 그림을 그린 한국화나 써놓은 글씨를 본 적이 있습니까? 예전에 우리 할아버지, 할머니들은 지금처럼 좋은 연필이나 색연필, 물감이 없어서 먹을 벼루에 갈아 글씨를 쓰고 그림도 그리고 하였습니다. 그렇다면 이 먹은 과연 무엇으로 만들었을까요? 바로 나무나 기름을 태운 재를 아교로 굳혀서 만든 것입니다. 아주 오래전에는 나무를 태워 그 재로 먹을 만들었고, 시간이 지나면서 기름을 태우면 나오는 자주 작은 재로 먹을 만들고 있지요. 어떻게 생각하면 아무것도 아닌 공기 중에 날아가 버릴 재에 불과하지만, 그것을 잘 모아 굳히면, 먹이라는 고유의 물질이 되어 아름다운 한국화를 그릴 수 있게 되는 것입니다.

여러분,
'뭉치면 살고 흩어지면 죽는다'는 말이 있지요. 협동심을 강조하는 어른들의 좋은 말씀이지만, 이처럼 가루도 다른 물질들과 잘 뭉치면 우리가 생각하지도 못하는 곳에서 가루의 훌륭한 능력을 발휘할 수 있습니다. 아무쪼록 우리 주위에서 하나 둘 흩어지는 가루라고 소홀하게 생각하지 말고, 이런 것들이 모여서 또 다른 훌륭한 물질로 변하게 하는 마술사가 되어보지 않겠습니까?
그럼, 안녕.

토 요일

가루를 먹자!

가루하면 '밀가루'

많은 사람들을 만나 제가 가루를 연구한다고 이야기하면서, '가루라고 하면 무엇이 생각납니까?'라고 여쭈어보면, 남녀노소를 막론하고 대부분의 사람들이 밀가루를 이야기합니다. 특히 어린이들이나 초등학생들을 상대로 이야기하면, 거의  모두가 밀가루를 이야기하곤 합니다. 맞습니다. 밀가루는 우리 일상생활에서 가루하면 연상되는 가장 대표적인 물질일 것입니다.

만 7천 년 전의 석기시대의 유적에서 살펴보아도, 밀가루와 관계된 것을 찾을 수 있습니다. 당시에는 야생에서 그냥 자라던 밀을 이용해서 가루를 만들었을 것입니다. 약 5천 년 전의 이집트문명의 벽화에서는 맷돌 위에 밀의 알갱이를 두고, 롤러로 밀을 가는 도구가 그려져 있습니다. 여기서 알 수 있는 것이 아주 오래전부터 밀을 가루로 만들어 먹는 관습이 있었다는 것을 추정할 수 있습니다.

그런데 쌀은 탈곡기에 의해 표피를 제거하여 현미를 만들고, 그것을 도정(외피와 쌀 부분을 분리하는)기에 의해 쌀겨를 제거하는 과정으로 얻어집니다. 그것을 바로 먹습니다. 하지만 밀은 표피껍질이 밀 내부까지 들어가 있기 때문에, 쌀과 같은 방법으로는 표피가 제거되지 않습니다. 그래서 일단 분쇄하여 채로 분리하는 과정을 통해 표피와 배아부(내부의 흰 부분)를 나누는 것이 필요한 것입니다.

현재의 밀가루 제분법은 원료를 정선한 후 표피를 젓게 하여 1차로 분쇄하고, 분쇄된 가루를 다시 채로 분리하며, 2차로 분쇄기에서 분쇄해 단계적으로 표피와 배아부를 분리하고 있습니다.

밀가루는 밀에 포함되어 있는 단백질의 질과 양에 의해 그 종류가 구별되고 있습니다. 비교적 딱딱한 단백질이 풍부한 경질밀, 단백질이 적어 비교적 무른 연질밀 그리고 그 중간질의 밀이 있어, 경질밀은 빵이나 중국요리의 면에, 연질밀은 케이크 등에, 중간질 밀은 가락국수 등에 이용되고 있습니다.

그 외에 마카로니나 스파게티 등 서양식 요리에 사용되는 다른 종류의 밀도 있습니다. 우리가 매일 먹고 있는 빵, 우동, 과자, 케이크, 부침, 라면, 스파게티 등 많은 밀가루 식품은 앞서 이야기한 바와 같이 엄선된 밀을 이용하여, 그 성질에 가장 적합한 제분법에 의해 얻어진 고품질 밀가루에서 만들어진 것입니다.

커피도 가루다

- 가루의 추출

한 잔의 커피는 우리들의 기분을 좋게 해줍니다. 최근에는 인스턴트커피의 시대에서 다시 원두커피의 깊은 맛을 느끼는 시대로 돌아가고 있습니다. 그래서 커피 마니아층이 생기기도 합니다.

인스턴트커피는 커피를 뜨거운 물에서 추출하여 분무 건조하는 방식을 통해 순간적으로 건조시켜 커피의 원액을 가루로 만드는 것입니다. 그렇다 보니 아무래도 원두커피에 비해서는 맛과 향이 덜 풍부한 것이 사실입니다.

원두커피는, 볶은 원두를 커피분쇄기에 넣어 바삭바삭 여러 번 갈아냅니다. 갈려진 가루를 필터에 옮길 때는 참 좋은 향기가 나기도 합니다. 커피를 갈 때는 커피분쇄기의 날 사이를 조정해서 커피가루를 곱게 갈기, 중간으로 갈기, 거칠게 갈기로 할 수 있습니다.

커피를 곱게 갈면 설탕의 크기 정도, 거칠게 갈면 굵은 소금 정도의 크기로 됩니다.

커피를 만드는 방법은 종이나 포의 필터를 사용하는 방법이나 사이펀을 사용하는 방법, 에스프레소와 같은 압력으로 추출하는 방법 등 여러 가지가 있습니다. 에스프레소 커피는 단시간에 1번 추출하므로 커피가루를 거칠게 갈아서는 충분한 향을 추출할 수가 없습니다. 가능한 미세하게 갈은 가루를 사용하는 것이 좋은 향의 에스프레소를 만드는 기본입니다.

이렇게 가늘게 간 가루를 통상 필터방식으로 추출하면, 추출과다가 되어 커피의 좋은 향만을 가지는 것이 아니라 나쁜 향과 맛도 추출될 수 있습니다. 따라서 필터방식은 중간 정도로 갈은 것을 사용하는 것이 보통입니다. 거칠게 갈은 것은, 가루의 양을 많게 하여 낮은 온도에서 천천히 추출해 나쁜 맛을 적게 하여 맛있는 커피를 만들 수 있습니다.

가루는 같은 중량에서도 가루의 크기에 의해 그 표면의 면적이 다르게 됩니다. 가루의 크기가 작을수록 개수가 많아지게 되고, 총면적은 크게 됩니다. 따라서 표면의 면적이 클수록 용매에 접촉하는 면적이 증가하기 때문에, 입자 내부의 향이 나는 성분은 녹아나는 속도를 빠르게 할 수 있습니다. 고체를 가루로 하는 이유가 바로 여기에 있습니다. 가루가 됨과 동시에 표면의 면적이 증가하고, 그것에 따라 반응성, 용해성의 증가가 올라가게 됩니다.

인스턴트커피도 원두커피도 결국에는 가루인 것입니다.

설탕도 가루다

- 여러 가지 설탕의 종류

앞서 커피에 대해서 설명을 하였습니다만, 커피를 먹을 때 함께 따라다니는 설탕에 대해서도 이야기를 해보려고 합니다. 우리들이 그냥 사용하고 있는 설탕에도 매우 많은 종류가 있습니다. 그리고 사실 설탕은 커피를 마실 때뿐만이 아니라 우리가 먹는 많은 음식물에 첨가재료로 아주 많이 사용되고 있습니다.

그중에서도 상백당(일반적인 백설탕)과 그래뉼당(제과나 제빵 등에 이용되는 가루의 크기가 좀 더 큰 설탕)이 많이 사용되고 있습니다. 상백당은 부드러운 촉감이 있으나 습기를 잘 머금고, 굳어버리기 쉬운 특성이 있으며, 일반적으로 커피나 홍차에 적합한 설탕이라 할 수 있습니다.

보통은 설탕의 순도가 높아질수록 세련된 단맛이 나게 되고, 순도가 낮아져 흑설탕에 가까워질수록 감칠맛과 뒷맛이 강해서 풍부한 맛을 내게 됩니다. 따라서 재료 본래의 맛이 중요하거나 디저트와 같이 세련된 단맛이 필요할 경우 그래뉼당이나 상백당을 사용하며, 조림이나 부수적인 단맛을 낼 때에는 흑설탕을 사용하는 것입니다. 상백당은 대체로 200μm의 결정입자로 고유의 부드러운 느낌이 있습니다.

원래 가루들 사이에는 수분, 정전기, 분자간력에 기인하는 부착현상이 있습니다. 이 부착력은 가루들의 크기와 함께 크게 되지만, 가루의 무게가 입자경의 3승에 비례하여 크게 되는 것보다는 상대적으로 느리게 됩니다. 아주 크기가 작은 가루는 가루의 무게에 비해 부착력이 크게 되어 유동성, 즉 움직임이 매우 나쁘게 되고, 중량이 부착력을 이겨내야 유동성이 생기게 됩니다.

설탕에서는 상백당보다도 그래뉼당의 크기가 크기 때문에 유동성의 차이가 많이 나는 것입니다. 또한 무게에 비하여 표면적이 넓을수록 물 분자와 접촉하는 확률이 높아지므로 설탕가루의 크기가 큰 그래뉼당보다도 상백당 쪽이 흡습하기 쉽다고 말하는 것입니다. 이에 따라 음식물을 요리할 때 적절한 종류의 설탕을 선택하는 것도 사실은 가루를 다루는 분체의 기술인 것입니다.

우리들이 보통 쉽게 음식물과 함께 사용하는 설탕에도 가루의 성질이 매우 깊게 관여하고 있습니다.

하루에 한 번만 먹는 약

우리도 한 번쯤은 '왜 우리가 먹는 많은 약들은 하루에 여러 번 먹지 않으면 안 되는 것일까?' 하는 의문을 가질 수도 있을 것입니다. 효과가 오랫동안 지속되는 약이 개발되어서 복용횟수를 1일 1회로 또는 일주일에 한 번 정도로 낮추면 오랜 시간 동안 지속적으로 약을 복용해야 하는 사람들에게는 매우 기쁜 일일 텐데 말입니다.

그런 측면에서 본 장에서는 지난번에 이어 약을 만드는 가루가 약의 효능에까지 관계한다는 말씀을 드리고자 합니다.

본래 약은 독성이 있는 것이 많기 때문에 부작용이 나지 않을 만큼의 양을 엄밀하게 조정하지 않으면 안 됩니다. 그래서 '진료는 의사에게, 약은 약사에게'라는 말이 있을 정도니까요. 예를 들면 물에 잘 녹아 단시간에 몸에 흡수되는 약이라면, 약의 혈중농도가 급격하게 상승하여 부작용이 나타날 수 있습니다. 따라서 좋은 치료효과를 얻기 위해서는 약물분자를 약이 작용하는 부위에 '필요한 시간'에 '필요한 양'만 도달시키면 되는 것입니다. 이와 같은 약물의 양적 제어나 공간적·시간적 제어의 기능을 갖추는 것을 DDS(Drug Deliverly System: 약물 송달 시스템)이라 말하고 있고 거기에 분체의 기술이 존재하고 있습니다.

최근에 위에서는 서서히 녹고, 장에 들어가서 전부 용해되는 약이나 목적하는 장소에 가기까지는 그다지 녹지 않는 약(서방성(control release) 약제)들이 계속해서 개발되고 있습니다. 가루를 다루는 조립기술에 의해 약효가 다른 성분의 핵입자의 바깥에 다른 약을 코팅하고 거기에다가 더 바깥에 다른 특성을 가지는 약이 막으로 둘러싸여 피복되어 있는 것도 있습니다.

이러한 약들은 위장에서는 용해하지 않지만 시간이 지나면서 녹기 쉽게 표면이 늘어나고, 서서히 액체가 가루입자 중에 침투하여 내부의 약물을 일부 용해하여 천천히 방출시킵니다. 그래서 결국 약물 용해는 서서히 내부까지 진행하여 오랜 시간에 걸쳐 전부 방출되어 최후에는 핵입자와 피막만이 남게 되는 것입니다.

약을 만드는 것에서부터 약효를 지배하는 것까지 가루기술이 매우 중요한 일입니다.

'음이온'의 효과는?

– 공기 중 음이온

　최근에 건강에 대해서 많은 관심을 가지는 것 같습니다. 에어컨이나 가습기 등을 살펴보면 대부분의 제품에서 '음이온 발생기'가 붙어 있는 것을 알 수 있습니다. 그리고 거기에 덧붙여 건강에 아주 좋다는 설명이 친절하게 되어 있습니다.

　기존의 초음파 가습기와 같이 강제적으로 물방울을 만드는 경우에는 눈으로 확인할 수 있는 크기의 수증기처럼 보이는 수십에서 수백 마이크로미터의 물방울을 만들어내었습니다. 현재에는 자연증발식이나 가습증발식이 주류로 눈에 보이지 않는 물방울을 만들어내기도 합니다.

　하지만 눈에 보이지 않는다고 해서 물방울이 생기는 않는 것은 아니고, 계속해서 작은 물방울을 만들어내고 있으며, 이런 물방울을 미스트라 부릅니다. 미스트도 사실은 가루알갱이라 할 수 있습니다. 미스트의 지름이 크면 그대로 기둥이나 벽 등에 들러붙을 수가 있고, 그 자체로 습기를 머금고 있습니다.

음이온을 발생시켜준다는 제품의 설명서에는 대자연 중에 발생하는 음이온이 제품에서 직접 만들어지고 기분을 상쾌하게 만들어준다고 되어 있습니다. 진짜로 그럴까요? 그 기분이 음이온에 의한 것일까, 아닐까에 대해 여기서 이야기하는 것은 적절하지 않은 것 같습니다.

여하튼 제품에서 음이온이 발생되는 것은 고전압을 가하여 공기의 절연 파괴에 의해 이온을 발생시키는 것입니다. 이렇게 발생한 이온은 주위의 공기분자나 물방울 등에 부착하여 여러 가지 형태로 변화하는 것입니다. 즉 음이온의 영향도 결국 물방울 입자와 함께 움직이지 않으면 안 되는 것이고, 물방울 역시 물의 입자라고 우겨보고 있는 것입니다.

하지만 음이온이 어떠한 물질로 구성되어 있고, 어느 정도 양이 존재하는가 하는 것 등을 측정하고, 다음으로 건강에 얼마나 큰 영향을 미치는지 조사하는 것 등도 모두 분체기술을 응용하지 않으면 안 되는 것입니다.

가루로 만든 약

– 쉽게 먹을 수 있는 가루약

우리가 먹는 약국에서의 약들은 대부분 가루로 되어 있습니다. 가루로 된 약들은 위 또는 장에서 쉽게 흡수하게 하기 위해서 수 마이크로미터 정도의 아주 작은 크기의 가루로 만들어져 있습니다. 하지만 아주 작은 크기의 가루들은 가볍고 들러붙기 쉬워서 물과 함께 복용하면 마치 점토와 같이 입 안에 찰싹 달라붙어 매우 먹기 어렵게 되는 경우가 있습니다.

그래서 요즘의 가루약은 대부분이 과립상 입자나 정제(알약)로 되어 있습니다. 크기는 수 마이크로미터 정도 크기의 가루들을 뭉쳐 수백 마이크로미터의 과립으로 만드는 경우가 많습니다. 이 정도 크기의 과립체를 만들면 입 안에서 쉽게 부착하지 않고 잘 넘어가는 약이 됩니다. 이와 같이 아주 작은 가루를 집합시켜 큰 입자를 만드는 기술을 조립이라고 말하며, 분체기술에서는 매우 중요한 부분입니다.

조립의 방법은 여러 가지로 만드는 방법이 있고, 가루 스스로를 뭉치는 방법과 가루를 액체에 용해시켜 그 액을 스프레이한 후 건조하여 과립을 만드는 방법도 있습니다.

최근에는 먹기 쉽게 하기 위해서만이 아니라, 조립입자에 여러 가지 기능을 가진 약제가 개발되고 있습니다. 예를 들어 노인이나 어린이가 먹는 정제는 목에서 막히거나 넘기기 어려운 경우가 있는데, 이것을 해소하는 정제도 개발되고 있어 입속에서 빠르게 녹는 알약이나, 입속에서 순간적으로 녹아버리는 알약 등이 있습니다.

예를 들어 입속에 들어가면 순간적으로 알약이 부서지므로 쉽게 넘길 수 있는 것으로, 레몬 맛이 나는 비타민C 정제나 가루약 등이 그 대표적인 사례입니다.

더불어서 약을 만드는 방법으로는, 언제 어느 시점에 효과를 낼 수 있도록 제어하는 방법 등 가루의 특성을 제어하여 약의 효능을 달리하는 방법도 있습니다.

우리들의 건강에도 밀접한 관련이 있는 것이 가루기술인 것입니다.

마이크로 캡슐화로
생활이 변한다

- 식재료에서 하이테크까지

최근에 의약품 분야에서는 약물들을 복합입자로 만들어 사용하는 것이 매우 중요한 제약의 한 부분입니다. 약효성분을 기본이 되는 약물들에 집어넣어, 복합입자를 만들어서 약효성분의 방출속도를 조절하는 것 등 여러 가지 약물의 특성을 제어하는 역할을 하는 것입니다.

기본이 되는 약물들로서는 알부민, 젤라틴과 같은 단백질 또는 폴리아크릴 시아노아크릴레이트나 폴리아크릴 아미드 등의 고분자 수지 등이 이용되고 있습니다. 이들 약효성분이나 가교제 등과 함께 혼합하여 균일한 용액을 만들고, 각각의 재료에 균형 잡힌 방법으로 복합입자를 만드는 것입니다.

액상법으로 입자를 합성하는 방법에 의해 가루를 만들어내는 것은 가루의 크기 조정이 가능하고, 이것은 의약품에서는 매우 중요한 기능인 것입니다. 여기에 역할을 하는 가루들을 체내의 어느 특정부분에서 정지해두기 위해서 크기를 적당하게 조정하는 것에 대한 연구가 계속 진행되고 있습니다.

예를 들면, 12μm 이상의 입자를 동맥 내에 투여하면, 동맥의 말초부분에서 막히고 약료성분을 방출하기 때문에, 간장이나 신장에 있어서 암의 치료에 이용할 수가 있습니다. 같은 입자를 정맥 내에 투여하면 그 대부분이 폐의 모세혈관상에 모여서 막히게 되는 것입니다. 또 0.1~3μm의 입자를 동맥이나 정맥 내에 투여하면, 폐는 통과해 나가고 간장이나 비장에 도달하는 등의 원리인 것입니다.

이와 같이 하여 얻어진 복합입자를 이용하는 것을 DDS(Drug Delivery System)라 부르고 있으며, 이 시스템은 약효성분을 유효하게 체내에 흡수시키는 것은 물론이려니와 특정의 부위에 집중적으로 약물을 모으는 것, 과대한 약효성분의 투여에 의한 부작용의 발생을 최소한으로 멈추게 하는 역할 등을 하게 되는 것입니다.

이러한 기술은 복합입자화된 마이크로캡슐이 영양성분이라면 식품에, 자성재료나 액정이라면 전자제품에도 응용되고 있는 등 의약품뿐만이 아니라 많은 분야에서 연구되고 활용되고 있습니다.

최근에는 마이크로캡슐보다도 더 크기가 작은 나노캡슐이라는 말도 사용되고 있습니다.

움직이는 가루, 분체

여러분,

가루박사님은 앞에서 세상의 모든 물질은 고체, 액체, 기체와 함께 분체를 포함하여 네 가지가 있을 수 있다고 이야기했습니다. 즉, 분체는 고체의 형태이지만 움직임이 있는 물질이라고 말입니다. 그렇다면 가루는 어떠한 길을 따라 움직이며, 어떤 물질들이 우리 주위에서 마치 고체와 액체처럼 움직이는지 궁금하지 않습니까? 그래서 오늘은 분체 중에서도 움직이는 가루에 대해서 이야기해보려고 합니다. 그렇다면 고체입자가 마치 액체나 기체처럼 움직이는 것에 대해 알아볼까요?

여러분은 TV나 영화에서 화산폭발을 본 적이 있지요? 우리나라에서는 보기 힘들지만, 세계 곳곳에서 가끔씩 볼 수 있는 화산폭발이 일어날 때 화산재라는 것이 생기게 되는데, 이 화산재가 기체 같은 분체, 즉 공중에 떠다니는 가루의 대표적인 것이라 할 수 있습니다. 이 화산재는 암석이 녹아서 액체같이 될 때 그 안에 들어 있는 공기가 갑자기 폭발하여 하늘 위에까지 미세한 가루를 뿜어 올리는 것입니다. 이 미세한 가루들은 우리 지구를 감싸고 도는 공기들과 함께 지구 위를 계속 돌다가 서서히 떨어지게 되는데 사람들에게 피해를 주기도 합니다. 또한 사막에서 모래먼지가 날아다니는 것도 생각할 수 있겠지요. 최근에는 아프리카 사막에서 날아올라 긴 모래 가루가 멀리 유럽까지 날아간다는 뉴스도 있습니다. 가루박사님이 전에 이야기한 황사도 이와 비슷한 것이겠지요.

그렇다면 가루들은 왜 떨어지지 않고, 공기 중에 계속 날아다니는 것일까요?

이것은 바로 땅이 가루를 끌어당기는 힘(중력)보다 공기가 가루를 날리는 힘이 크기 때문입니다. 그리고 공기의 점성이 분체입자에 붙어서 같이 날아다니려고 하는 것도 한 가지 이유가 됩니다. 예를 들어 우리가 여름철 바다 속에 들어가 파도타기를 하려고 할 때 바닷물 속에서 몸을 제대로 가누지 못하고 이리 둥실 저리 둥실 하는 것과 강한 바람이 불 때 걷기 힘들어지는 이유와 같다고 할 수 있습니다. 곡물을 운반하는 공장이나, 가루를 다루는 공장에서는 이러한 원리를 이용해서 운반하기 힘든 가루들에게 공기를 불어넣어 파이프를 통해 수송하기도 합니다.

땅에서도 한번 살펴볼까요?

넓은 강가나 바닷가의 모래사장에 가본 적이 있지요? 자세히 살펴보면 바람의 방향에 따라 마치 물결무늬 같은 매우 아름다운 모래무늬가 생기는 것을 쉽게 볼 수 있을 것입니다. 이것이야말로 분체라는 말로밖에 설명할 수 없는 자연이 만들어내는 아름다운 현상이라고 할 수 있습니다. 이 모래무늬가 나타나는 이유를 안다면 분체의 움직임, 즉 고체입자의 기체 또는 액체와 같은 성질을 자연스럽게 이해할 수 있습니다. 모래입자는 바람이 불면 우선 모래사장 위를 구르기 시작합니다. 그리고 어느 정도 속도가 붙을 때 어떤 빗면에 부딪히면, 수평으로 움직이던 힘이 수직으로 움직이는 힘으로 변화하여 위쪽 방향으로 힘을 가지고 날아오르게 됩니다. 그 후 다시 중력의 작용을 받아 밑으로 가라앉게 되는데, 모래입자의 무게 때문에 그 날아오르는 거리가 그다지 멀지 않기에 이것이 자연스럽

게 물결무늬를 이루게 되는 것입니다. 이런 것을 풍문(風紋, 바람무늬)이라고 하고 바닷가, 강가 또는 사막 위에서 아름다운 모양을 만들어내는 것입니다. 결국 이것도 바람이 불면 먼지가 날리는 것처럼 바람에 의해 모래가 날리다가 그 무게가 다른 먼지보다 무겁기 때문에 일찍 가라앉아서 만들어지는 것입니다.

또한 우리가 학교에서나 집에서 청소를 하려고 빗자루로 먼지를 쓸 때, 창문에서 들어오는 햇빛이 떠다니는 먼지들 사이로 비춰지는 것을 볼 수 있지요. 이것 또한 분체입자가 공기 중을 떠다니면서 빛을 반사시켜 빛이 지나가는 것을 볼 수 있게 하는 것입니다. 그렇다면 빛이 나아가는 길을 확인하기 위한 재미있는 실험이야기를 해볼까요? 상자의 한쪽에 한 줄로 작은 구멍을 3~4개 뚫고 태양을 향하게 하고, 빛이 구멍을 통해 들어온 뒤 반대편 벽에 부딪히도록 해봅시다. 이때는 상자의 반대편에 빛이 닿는 것만 볼 수 있고, 빛이 지나가는 길은 보이지 않지만, 빛이 나가는 길을 잘 보기 위해 상자 안에 향 연기를 피워보면 연기알갱이에 빛이 반사되어 빛이 지나가는 길을 볼 수 있지요. 앞에서 이야기한 청소할 때 먼지 사이로 빛이 지나가는 길이 보이는 것과 같은 원리라고 할 수 있겠지요. 이것 역시 공기 중에 입자들이 떠 있어서 가능하게 되는 것입니다.

자, 그럼 또 다른 움직이는 가루에 대해서 이야기해볼까요?

여러분, 물에 공기를 집어넣으면 어떻게 되지요? 우리가 물이 들어 있는 컵에 빨대를 사용해서 공기를 불어넣으면 거품이 나오지요. 콜라나 사이다 같은 탄산음료는 더욱 많은 거품이 나오게 됩니다.

이는 물속에 녹아 있던 탄산가스가 같이 뿜어져 나와서 거품을 만들기 때문이겠지요. 그러면 가루에 공기를 불어넣으면 어떻게 될까요? 모래가 빠져나가지 않을 정도의 구멍이 있는 판을 밑에 깔고 용기에 모래를 넣은 다음 밑에서 공기를 올려 보내볼까요? 공기를 불어넣는 속도가 작은 경우는 모래가 조금씩 흩어지겠지만, 모래는 대체적으로 움직이지 않습니다. 그렇지만 공기 속도를 어느 정도 이상으로 높이면 거품이 발생하고 마치 물이 끓는 모습처럼 모래가 매우 심하게 움직이게 됩니다. 따라서 모래를 용기에 다져넣으면 모래사장과 같이 천천히 걸을 수가 있지만, 움직이고 있는 모래에서는 액체와 같은 상태가 되기 때문에 걷는 힘이 약하게 됩니다. 그래서 결국 발이 빠지게 되는 것입니다.

여러분, 앞에서 말한 것과 같은 원리로 생각하면, 이렇게 가루에 공기를 불어넣으면 가루를 아주 고르게 혼합할 수 있겠지요. 그렇기 때문에 가루를 이용하는 식품공장, 제약공장 등 여러 곳의 가루를 다루는 공장에서는 이러한 원리를 이용해서 가루를 혼합하고, 운반해 새로운 물질로 만드는 데 응용하고 있습니다. 그러기 위해서는 공장에서는 가루를 보관하는 탱크가 필요하겠지요? 이런 탱크를 호퍼라고 하는데 이 호퍼는 저장탱크 하단부에 가루의 배출구가 있어서 필요할 때 가루를 밑으로 꺼내는 역할을 합니다. 그런데 가루는 액체와는 달리 항상 같은 속도로 안정하게 배출되지 않고, 막히는 경우가 있습니다. 마치 우리가 지하철을 탈 때 문 앞에 갑자기 한꺼번에 많은 사람들이 몰려서 들어가지 못하는 것과 같은 경우가 되겠지요. 이럴 경우 호퍼 밑에서 기체를 불어넣어 주면 가루의 흐름이 부드러워지고 마치 액체처럼 안정되게 배출되곤 합니다. 이것 역시 고체인 가루입자가 액체처럼 잘 흘러가는 경우라 할 수 있겠지요.

그럼, 끝으로 여러분에게 하나 더 물어볼까요? 우리나라는 삼면이 바다로 되어 있습니다. 그중에서 서해를 황해라고도 하는데 들어본 적이 있습니까? 그렇다면 왜 서해를 황해라고 할까요? 그 이유는 중국의 양자강, 한국의 한강, 금강 등이 바다로 흘러들어 가면서 강가의 진흙과 모래들을 같이 가지고 바다로 흘러들어 가서 바닷물이 누렇게 보이기 때문입니다. 그렇다면 강이 흘러들어 갈 때 누렇게 되는 것은 무엇 때문일까요? 그것이 바로 분체입자들 때문입니다. 황토나 모래가루들이 물에 섞여 들어가 가루가 물과 함께 같이 움직이기 때문입니다. 즉, 가루는 공기와도 함께 물과도 함께 움직이는 재미있는 물질이라는 이야기입니다.

여러분,

여러 가지 움직이는 가루들에 대해서 이야기해보았습니다. 앞으로 여러분이 바닷가나 강가에 놀러가서 모래사장 위의 풍문을 볼 때도, 공기 중에 떠다니는 먼지를 볼 때도, 물속에 떠다니는 황토를 볼 때도 가루를 생각하고 분체를 생각하면 아주 재미있지 않을까요? 앞으로도 계속 가루에 관해서 많은 관심을 가져주면 가루박사님이 아주 기쁠 것 같습니다.

그럼, 안녕.

 요일

미래의 가루들

우주시대에서 가루의 역할

　2003년 2월에 일어난 미국의 우주왕복선 스페이스셔틀 콜롬비아호의 사고는 전 세계를 충격에 몰아넣었습니다. 하지만 다시 시작된 우주개발 계획의 일환으로 쏘아 올려진 화성탐사선 '스피리트(spirit)', '오포튜니티(opportunity)'의 활약은 다시금 우주시대에의 기대를 크게 해주는 계기가 되었습니다.

　그런데 우주개발에 가루(또는 가루를 다루는 기술)는 빠질 수 없는 중요한 요인입니다. 일반적인 우주선이나 우주기지의 여러 가지 시스템에는 많은 부분에서 가루가 관여하고 있습니다. 예를 들면, 우주선의 외벽재료는 매우 격렬한 외부조건에 견디지 않으면 안 되기 때문에, 내열타일 등으로 감싸고 있습니다. 여기서 내열타일 등 외벽을 둘러싼 물질들의 재료원료는 모두가 가루인 것입니다.

　또한 우주에서 물이나 공기를 깨끗하게 하기 위해 반복해서 사용하는 정화시스템에는 활성탄 등 여러 가지 가루가 관계하고 있습니다. 더욱이 우주선의 바깥의 환경 중에는 우주공간에 산재하고 있는 먼지 등 저농도이지만, 우주선의 진행에 영향을 미치는 크고 작은 여러 가지 가루들이 존재하고 있습니다. 즉, 가루에 대해서 깊이 공부하고 관심을 가질수록 새로운 분야의 분체학문이 넓어지고 있는 것이 아니라 할 수 없을 것입니다.

또, 화성 등 우주공간의 여러 별 등을 사람이 살 수 있는 별로 바꾸고자 하는 계획이 선진국을 중심으로 지속적으로 검토되고 있습니다. 화성의 바닥에 얼어붙어 있는 물을 기화 또는 액화하여 구름을 만들어 지구와 비슷한 조건의 대기환경을 만든다는 것이 그 계획의 핵심으로 기본적으로는 가루(흙)를 연구하는 것이 될 것입니다.

한편으로 무중력, 고진공, 극저온이라는 특수환경을 이용한 새로운 분체기술의 탄생도 기대되고 있습니다. 무중력하에서는 무게의 차이가 큰 가루들이라도 균일하게 혼합할 수 있으므로, 정밀한 합금이나 복합재료를 만들 수 있습니다. 또 스스로에 의해 변형되지 않으므로 새로운 구형입자, 균질과립체, 정밀한 성형체를 만들 수도 있습니다. 더욱이 열대류가 없으므로 정밀하게 가루를 제어하는 것도 가능하게 됩니다.

따라서 고진공, 극저온하에서 가루를 다루는 것은, 분자레벨에서 가루의 특성제어가 가능하게 하므로, 최근 주목받는 나노테크놀로지의 세계를 만들어갈 수도 있습니다.

하지만 지금까지는 알 수 없었던 새로운 분체의 문제점을 개선해야 할지도 모르겠습니다. 예를 들어 달 표면에 착륙한 우주비행사가, 달의 모래가 우주복에 자꾸 들러붙어 여러 가지 문제가 있었다는 보고를 한 바와 같이 중력의 효과가 없어지게 되어 가루의 부착성이 증가하는 등의 문제는 새로운 연구대상입니다.

가루의 새로운 세계

— 나노입자

벌써 나노테크놀로지의 시대로 들어간 지도 어언 10년이 넘는 세월이 지나갔습니다. 지난 2000년 1월, 미국 클린턴 대통령의 처음으로 맞는 새천년 신년연설에서 앞으로 21세기는 나노테크놀로지의 시대라며 미국의 국가 나노테크놀로지 계획을 발표한 이래로, 세계 각국이 나노테크놀로지 연구에 매진하고 있는 것입니다.

그럼, 나노테크놀로지란 과연 무엇을 이야기하는 것일까요?

사실 본 책에서는 그리고 본 저자는 가루를 이야기하고 분체를 연구하는 연구자로서 나노테크놀로지와는 약간 다른 길을 걷고 있다고도 할 수 있습니다. 하지만 가루 이야기를 하다가 결국 분자레벨까지 작아지는 이야기도 하게 되고, 그러다 보면 나노테크놀로지도 언급하지 않을 수 없는 것이 현실인 것입니다.

우선, 원자의 크기 단위는 옹스트롬(Å: 1㎚의 10분의 1)입니다. 일반적으로 입자를 합성에 의해서 물질을 만들고 가루를 만들다 보면 물질을 원자, 분자 단위로 생각하지 않을 수 없습니다. 따라서 나노테크놀로지는 원자, 분자 테크놀로지라고도 할 수 있습니다.

그래서 원자, 분자 기술을 이용해서 새로운 물질을 만드는 것을 정밀하게 살펴보면, 원자 또는 분자의 구조와 일반적인 물질상태의 구조 사이에 그 물질의 성분을 가지고는 있으나 아직 완성된 물질이라고 보기 어려운 상태도 볼 수 있습니다. 여하튼 이런 상태에서의 물질들을 보다 정밀하게 다루는 기술, 즉 여러 가지 방법을 통해 새로운 기능을 발현시킬 수 있는 기술을 나노테크놀로지라 하고 그 기본단위가 일에서 수백 나노미터인 것입니다.

또 하나의 예를 들면 양자크기 효과라는 것이 있습니다. 이것을 '전자를 좁은 영역에 밀어 넣으면, 전자가 가진 에너지가 흩어지게 된다'는 현상입니다. 즉 고체 내에서 양자의 크기 효과가 나타나는 것은 전자의 파장 정도로 매우 작은 경우입니다. 예를 들어 0.1에서 수십 나노미터의 고체가루에서 보이는 현상입니다. 따라서 이 양자크기 효과에 의해 새로운 물질의 기능이 생겨나기도 합니다.

나노테크놀로지의 대표적인 예로서 발광소자를 들 수 있습니다. 원래는 각각 다른 재료를 합성하여, 적(R), 녹(G), 청(B)색으로 발광을 하는 것이 기본이었으나, 입자의 크기를 정밀하게 제어하여 같은 재료로 다른 색을 낼 수 있게 된 것입니다. 실리콘 나노크리스탈을 예로 들면, 약 4㎚가 R, 2㎚가 G, 1.5㎚가 B로 보이는 것입니다.

미래에는 에너지도
가루에서부터

― 태양에너지와 연료전지

우리는 앞으로 에너지를 어디서부터 가져와야 할지를 고민해야 할 것입니다. 현재는 수력, 화력, 원자력 등 인위적으로 에너지를 만들어서 사용하고 있지만, 궁극적으로는 자연에서 얻을 수 있는 태양광, 조력, 풍력 등의 에너지를 사용하지 않으면 안 될 것입니다.

특히 그중에서도 태양에너지의 개발은 우리가 더욱더 힘을 쏟아야 하는 연구분야일 것입니다. 여기 태양에너지의 개발에도 가루가 적용되고 있다는 사실을 아시는지요?

현재, 태양광 발전에는 태양열 주택 등 가정에서도 사용되고 있는 실리콘 시스템이 있으며, 앞으로는 색소증대 태양전지가 많이 사용될 전망입니다. 스위스의 그래셀 박사의 연구팀에서 개발된 이 색소증대 태양전지는 타이타니아 미립자를 이용해 그 표면을 덮은 태양광을 효율 좋게 흡수하는 유기색소를 이용하는 것입니다. 특히 인체에 해가 없는 자연친화적인 소재라 더더욱 주목을 받고 있습니다.

이 색소증대 태양전지의 가장 핵심이 되는 기술은 타이타니아 가루의 미세구조에 있으며, 태양광에 포함된 에너지를 흡수한 유기색소에서 발생한 전자를 타이타니아로 효율이 좋게 처리하여, 그대로 전극으로 이동시키는 것이 중요한 기술입니다.

또한 연료전지에서도 가루의 기술이 사용되고 있습니다. 연료전지는 물의 전기분해의 반대로, 즉 수소와 산소를 반응시켜 전기를 끄집어내는 시스템입니다. 화학반응에 의해 전기에너지를 끄집어내는 점으로는 건전지와 같은 원리이지만, 연료(수소)를 연소하여(산화하여) 전기를 끄집어내는 시스템이므로 연료전지라 말하고 있습니다.

연료전지는 기본적으로 효율이 떨어지는 것이 문제가 되고 있으나, 가루를 이용한 연료전지의 원리를 살펴보면, 전극에 공급된 수소가 다공질전극을 통과하여 수소이온으로 되고, 전극에 전자를 남겨두어 산소와 반응하여 물로 됩니다. 결국, 전체적으로는 수소 연소반응이 일어나고, 연료나 공기가 전극을 통과하지 않으면 안 되는데, 이 전극에는 금속이나 금속산화물의 분말을 소결한 다공질체(일종의 도자기)가 이용됩니다.

전지의 발전 효율이나 수명은 이들의 다공질체의 구조(다공질 내에 세공의 크기나 분포, 세공 내 표면의 특성)로 결정되므로, 원료인 분말입자의 특성제어가 고성능 연료전지 개발의 중요한 열쇠가 되고 있습니다.

따라서 태양에너지를 이용하는 것에도, 연료전지를 발전시키는 것에도 가루를 응용하는 기술이 매우 중요하게 적용되고 있는 것입니다.

아픈 사람을 치료하는 가루

― 마이크로캡슐 기술

　최근에는 의학기술의 발달로 많은 질병들이 극복되고 있습니다. 하지만 아직도 암이나 에이즈와 같은 치료가 곤란한 질병도 많은 것이 현실입니다. 암이나 에이즈 같은 질병들은 많은 연구를 통해 유전자와 관계있다는 학설도 많이 있습니다. 따라서 바이러스가 증식할 때에는 자기의 유전자를 복제하지만, 이 단계에서 인공적으로 만들어진 유전자를 바이러스에 결합시켜 자기복제를 방지하게 하는 등의 치료법도 개발되고 있습니다. 이러한 인공적으로 만들어진 유전자는 안티센스 DNA라 부릅니다.

　단백질을 합성하거나 합성을 지시하는 mRNA(메신저−RNA)의 염기배열을 센스 또는 안티센스 배열이라 말하고, 염기배열에 대해서 상호보완적인 염기배열을 안티센스라 부르는 것입니다. 조금 더 설명을 덧붙이면, 정상적인 세포 내에서는 DNA→mRNA→단백질이라는 흐름으로 유전자 정보가 전달되지만, 이 유전자 정보의 흐름을 인공적으로 합성한 DNA에서 차단(방해)하는 방법을 안티센스법이라 말하는 것입니다.

즉, 목표로 하는 유전자의 mRNA에 상호보완적인 세포를 투여하고, 목표 유전자의 발현만을 특이적으로 제어하는 것이 안티센스법의 원리입니다. 안티센스법은 암세포를 직접 죽이는 치료와는 달리 암의 원인 유전자 또는 암 관련 유전자 자체를 표적으로 하고 있다는 점에서 보다 원인치료법에 가깝다고 생각됩니다. 그러나 현재 안티센스 DNA를 체내에 주사하여도 목표로 하는 유전자에만 도달해서 치료할 수 없는 것이 현실입니다.

따라서 분체공학을 의학과 접목시켜, 현재 이 과제를 극복하기 위해 마이크로캡슐 기술이 연구되고 있습니다. 마이크로캡슐은 원래의 세포에 들어가는 성질을 갖고 있는 바이러스의 '껍질'이나 '리포솜'이라 불리는 지방질 등이 캡슐을 둘러싸는 데 사용됩니다. 이들 입자의 내부에 안티센스 DNA를 파묻어서 암세포에 보내는 것입니다.

가까운 장래에 암의 원인 유전자나 바이러스를 정확하게 쫓아가 치료할 수 있고, 동시에 안전성이 높은 벡터가 실용화되는 것도 분체기술의 발전에 의해 기대되고 있는 실정입니다.

가루는 건강도 지켜줍니다

- 건강과 분체기술

우리나라도 이제 출산율의 저하와 장수화에 의해 급속하게 고령화 사회로 되어가고 있습니다. 물론 고령화 사회라는 것이 나쁜 것만은 아닐 것입니다. 하지만 건강하게 오래 살 수 있어야 하는 것이 제일 중요한 화두가 되겠지요.

그럼, 오늘은 나이가 들어감에 따라 신체기능 저하나 생활습관병, 바이러스에 대한 대책에 있어서 분체기술과 관련된 것들을 소개해보려고 합니다.

우선, 나이가 들어감에 따라 신체기능 저하되는 것 중에 대표적인 것이 치아입니다. 치아는 건강의 기본이라고 해도 과언이 아닐 것입니다. 하지만 불행하게도 이를 잃어버리는 사람들 때문에 최근에는 인공치근의 기술이 많이 발달해가고 있습니다. 인공치근은 뼈 가운데 금속을 넣어 우리의 몸에 거부반응이 적은 하이드로 카파타이트라는 물질로 금속을 코팅하는 기술이 개발되고 있습니다. 이 물질은 이나 뼈의 중요한 성분이고 칼슘과 인을 포함한 백색가루입니다.

이뿐만 아니라 나이가 들어감에 따라 몸의 여러 가지 기능이 변화합니다. 그중에 하나가 나이 드신 분들이 음식물을 넘기는 힘이 떨어지는 것입니다. 그래서 음식물을 쉽게 넘기기 위해서 음식을 가루로 만들고, 먹기 좋은 크기로 만드는 것 역시 맨 처음 가루에서부터 출발합니다.

그리고 암, 심장병, 뇌졸중, 당뇨병 등의 생활습관 병에서는 DDS (drug delivery system, 약물전달체계) 기술을 사용하여 필요한 최소의 약제를 필요한 장기에 도달하게 하면서, 필요한 시간 간격으로 서서히 약효를 발휘하게 하는 기술이 실용화 단계에 도달하고 있습니다. 그뿐만 아니라 바이러스에 기인하는 병을 치료하기 위해서 안티센서(anti-sensor) 치료법이라고 해서 필요한 약제를 목표한 환부에만 도달하게 하는 기술이 사용되고 있습니다.

고령화 사회를 넘어서, 건강한 매일매일을 보내기 위해서 우리 바로 주위에 분체기술, 즉 가루를 활용하는 기술들이 널리 퍼져 있는 것입니다.

깨끗한 연료도 가루에서

　화학반응에 있어서 반응 시 그 자체로 반응을 제어하는 미립자를 촉매라 하고 이것 역시 가루인 것입니다. 촉매에는 고체촉매와 분자촉매가 등이 있으나, 환경을 정화시키는 용도로 사용되는 경우는 고체촉매가 대부분을 차지하고 있습니다. 여기서는 깨끗한 연료를 제조하기 위해서 고체촉매로 사용되는 고체담지 촉매와 미립자촉매에 대해서 소개하고자 합니다.

　최근에 연료로 사용하는 기름은 기름 속에 포함되어 있는 유황량을 감소시키는 것이 꽤 중요한 과제입니다. 이 때문에 표면에 여러 개의 구멍이 있는 가루(다공질담체)에 각종 활성금속(예를 들면 백금) 등을 집어넣은 촉매가 사용되고 있습니다. 여기서 어떠한 다공질담체를 사용하는가, 활성금속을 어떠한 비율로 집어넣는가 하는 것에서 촉매의 성질이 결정되는 것입니다. 이 다공질담체는 주로 산화알루미늄(알루미나), 제올라이트 등이 이용되고 있으나, 또 여기서는 그 구멍의 크기를 어떻게 제어하는가가 중요하게 됩니다. 즉,

활성금속의 크기는 수에서 수십 나노미터 크기인데, 이 크기를 어떻게 제어하는가 하는 것에 의해서 촉매성능이 크게 변화하는 것입니다.

그리고 석탄을 액화하는 연구도 진행되었습니다. 대량의 석탄을 액화하기 위해서는 촉매가 그리 많이 필요하지는 않았지만, 나름대로 꽤 많은 양이 필요하기 때문에 가격이 낮은 촉매를 사용하지 않으면 안 되었습니다. 일반적으로 천연에 존재하는 파이라이트(주성분은 황화철)를 분쇄하여 아주 작게 만든 가루를 촉매로 이용하여 성능 및 경제성을 평가하였습니다.

파이라이트를 대량으로 분쇄하는 것, 특히 $1\mu m$ 이하에의 분쇄는 매우 어려운 기술이지만, 첨단분쇄기술로 그 목표를 달성할 수 있었습니다. 또한 분쇄는 단일입자를 미세하게 하는 것만이 아니라 결정구조 등을 변화시켜 촉매활성을 증가시킬 수도 있습니다.

친환경 페인트도 가루에서부터

최근에 각종 칠을 하는 것에 대해서 환경 친화적인 부분에 있어서 관심이 높아지고 있습니다. 많은 부분 개선이 필요한 것도 사실입니다. 건물 등과 같은 대형의 칠하기에서부터 개개인이 스스로 만든 의자나 테이블의 색칠까지 마무리는 역시 칠하기인 것 같습니다. 이것이 이전에는 대부분 유기용제를 포함하는 도료였으나, 현재는 다양한 형태의 친환경 도료가 나오고 있는 상황입니다. 이런 모든 도료들에 가루가 용제에 섞여 있는 것입니다.

사실, 여러 가지 분야의 색칠 공정에서 유기용제의 배출도 심각한 사회문제가 되고 있습니다. 따라서 도료의 용제를 수용성 제제로의 전환과 함께 용제를 사용하지 않거나 극히 미량만 사용하는 분체도장으로의 변환이 중요시되고 있는 이유가 되겠습니다.

개인으로는 분체도장은 꽤 어려운 작업이라 생각합니다만 공업적으로는 비교적 오래전부터 현장에서 사용되고 있는 것으로 알고 있습니다. 그렇지만 경제성이나 색을 칠한 후의 여러 가지 특성(도막의 평활도 등), 색을 칠한 때의 여러 가지 편의성(색 배합의 간편성 등)에 있어서 액체계 도료를 이용한 색칠하기보다 약점이 많아 좀처럼 시장을 확대시켜가지 못한 실정이었습니다. 하지만 분체도장은 일본과 유럽 등에서는 보급이 늘어가고 있고, 소형차는 도장공정에서 환경을 배려한 분체도장을 많이 채용하는 것도 사실입니다.

분체도장은 유기용제 등의 액체가 불필요하기 때문에 작업 중에 유기용매의 악취가 생기지 않는 장점이 있으며, 분체도료가 바로 용해하는 온도 이상으로 가열하여 색을 칠하는 대상물에 바로 침투시키는 방식으로 도막을 형성하는 방법도 있어 매우 환경 친화적인 것입니다. 이때의 가루 크기가 통상 수백 마이크로미터 정도인 가루입니다.

한편, 분체입자를 이용하는 정전도장은 스프레이건에서 분체도료를 하전하면서 분무하고, 반대전하에 대전시켰던 도장대상물에 정전 침착시키는 것입니다. 그 후, 위에 열을 가해 도막을 형성시킵니다. 이 경우 분체입자의 크기는 위에서 말씀드린 경우보다 매우 작아야 하며, 약 10분의 1 정도인 20~40μm의 가루입니다.

따라서 분체, 즉 가루를 가지고 색을 칠하는 것은 용액을 쓰지 않아 수질 및 대기에 친환경적이라 할 수 있습니다. 앞으로 분체도장을 했을 경우, 친환경적이기는 하지만 색을 칠한 후의 도막 특성의 향상 등을 위해서 분체도료를 어떻게 설계해 가는가 하는 것도 매우 중요한 분체공학적 과제입니다.

액정 디스플레이도 가루에서

최근에는 휴대폰을 비롯하여 개인용 컴퓨터 등의 사무용기기는 말할 것도 없이, 공장의 기기나 통신기, 자동차나 열차, 항공기 게다가 컬러텔레비전 등의 가정용 AV기기 등에 액정 디스플레이가 사용되고 있습니다. 더욱이 그 기술은 더욱더 급속히 진보하여 우리들의 생활에 침투하고 있습니다.

액정이라는 것은 외부에서 전기를 통한 전자가 들어가면서 분자배열을 변화할 수 있는 물질입니다. 분자배열에 의해 빛의 굴절을 통한 움직임이 변화하는 것을 이용하여 화상을 만들 수 있는 것입니다. 실제로 디스플레이로 사용되는 것에는 2장의 유리 기판을 일정한 간격을 유지한 채로 평행하게 배열하여, 그 간극에 액정을 흘려 넣는 것입니다. 이때 기판 사이의 간극은 수 마이크로미터 정도로 일정하게 되어 있으며, 여기에 구형의 분체입자(눈에 보이지 않는 가루)가 그 사이에 배열되는 것입니다. 이때, 입자의 크기가 매우 균일해야 하며, 그렇기 때문에 화학반응을 통해 제조된 매우 균일한 입자들을 사용하고 있습니다.

이런 입자들은 일반적으로 폴리스티렌이라는 플라스틱이나 실리카(이산화규소)가 이용됩니다. 이들의 입자를 유리 기판의 표면에 일정하게 배치하면 좋지만, 이렇게 눈에 보이지도 않는 입자를 한 개 한 개 균일하게 배열한다는 것은 매우 어려운 일이기 때문에, 결국에는 흩어 뿌리게 됩니다. 여기서 뿌리는 방법이 나쁘면, 입자끼리 서로 응집할 수도 있으며, 서로 간의 간격이 불규칙하게 되어 디스플레이의 상태가 나쁘게 되는 것입니다.

일반적으로는 입자를 특정한 액에 섞어서 기판을 향해 스프레이하는 방법을 주로 사용하였습니다. 하지만, 입자를 섞는 특정한 액 등이 환경오염을 일으키는 물질들이 있어서 최근에는 공기를 사용하여 흩어 뿌리고 있습니다. 하지만 건조한 상태에서 입자들은 더욱더 쉽게 들러붙는 문제도 발생하고 있습니다.

결국 우리가 쉽게 접하는 액정에도 분체의 아주 어려운 기술들이 적용되고 있습니다.

가루의 마술

– 소금 눈

펄펄 눈이 옵니다! 하늘에서 눈이 옵니다.

우리 친구들은 눈이 오면 너무 좋아하지요?

그럼 오늘은 가루박사님이 눈을 통해 알기 쉽게 가루에 대해서 이야기해볼까요?

하늘에서 눈이 내리는 것을 보면 하얀 가루가 날리는 것처럼 보이죠?

이것은 바로 얼음가루예요. 마치 팥빙수처럼 말이죠.

이것이 땅에 내려와 하얗게 쌓이고 그것을 친구 여러분들이 뭉치면 딱딱한 얼음이 된답니다. 그리고 온도가 높아져 땅에 떨어져서 녹아버리면 물이 되어버리고요…….

그러면 날씨가 추워서 비가 눈으로 되어 하늘을 날아다닐 때는 가루, 뭉치면 얼음, 녹으면 물이 되는 눈!

그래서 가루박사님은 가루를 설명할 때 눈을 이야기하기도 한답니다.

그럼, 우리가 진짜 눈은 아니지만 소금으로 눈처럼 보이는 것을
만들어볼까요?

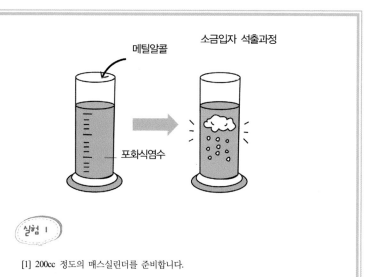

소금입자 석출과정

메틸알콜

포화식염수

실험 1

[1] 200cc 정도의 매스실린더를 준비합니다.

[2] 이것에 포화식염수를 80% 정도 넣습니다.

[2-1] 포화식염수가 없으면, 따뜻한 물 200cc에 소금이 더 녹지 않을 때까지 소금을 녹인
후, 냉장고에 넣어두면 녹았던 소금이 다시 가라앉게 되는데, 이때 소금이 녹아 있
는 윗부분의 소금물을 사용합니다.

[3] 매스실린더에 담겨 있는 소금물에 스포이트나 피펫 등을 이용하여 메틸알코올을 천
천히 주입합니다. 메틸알코올 양은 식염수의 5분의 1 정도면 충분합니다.

[4] 이 상태로 2, 3분 정도 경과하면 액의 표면 부근에 하얀 눈과 같은 것이 나타나고, 이
어서 하얀 눈과 같은 석출물이 매스실린더의 아래로 향하여 내리게 된답니다.

[5] 잠시 시간이 지나면, 아래로 내리는 눈은 멈추지만 젓가락 같은 것으로 액체의 표면
을 조금 저어주면 다시 흰 눈이 나타나고, 눈이 밑으로 가라앉습니다. 이때, 세게 섞
으면 석출물의 양은 증가하고 대설이 됩니다.

이렇게 해서 예쁜 눈을 집에서도 만들 수 있는데, 이것은 물과 알코올 그리고 소금들 사이에 서로 반응을 하면서 일어나는 재미있는 현상이랍니다.

여러분, 가루의 세계는 정말 재미있지 않나요?

마지막으로 눈이 내릴 때 손전등으로 비추어보면 매우 예쁜 눈이 내린답니다.

한번 시도해보세요.

가루의 마술

– 가루로 빛을 본다

우리는 빛을 눈으로 볼 수 있을까요?

빛은 눈으로 보이는 것이 아닙니다. 하지만 한밤중의 레이저쇼나 먼지 사이로 빛이 지나가는 것은 볼 수 있지요.

앞에서 위험한 가루를 이야기할 때, 청소시간에 먼지 사이로 빛이 지나가는 길이 보이는 것과 같은 원리라고 할 수 있겠습니다. 이것 역시 공기 중에 입자들이 떠 있어서 가능하게 되는 것입니다.

그렇다면 빛이 나아가는 길을 확인하기 위한 재미있는 실험이야기를 해볼까요?

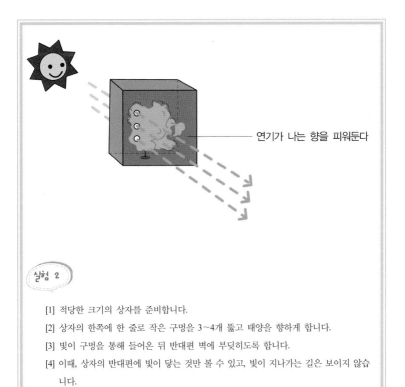

연기가 나는 향을 피워둔다

[1] 적당한 크기의 상자를 준비합니다.

[2] 상자의 한쪽에 한 줄로 작은 구멍을 3~4개 뚫고 태양을 향하게 합니다.

[3] 빛이 구멍을 통해 들어온 뒤 반대편 벽에 부딪히도록 합니다.

[4] 이때, 상자의 반대편에 빛이 닿는 것만 볼 수 있고, 빛이 지나가는 길은 보이지 않습니다.

[5] 빛이 나가는 길을 잘 보기 위해 상자 안에 연기를 피워보면(연기나는 향 등) 연기알갱이에 빛이 반사되어 빛이 지나가는 길을 볼 수 있습니다.

이것도 빛이 지나가는 것을 가루에 부딪쳐서 볼 수 있는 것이지요. 어때요? 여러분, 가루의 세계는 정말 재미있지 않나요?

한번, 시도해보세요.

감사의 글

이 책이 나오기까지 많은 분들의 도움을 받았습니다. 먼저 저에게 분체공학, 즉 가루연구자의 시작을 열어주신 지도교수이신 최우식 교수님께 진심으로 감사드립니다. 그리고 우리나라 분체공학 연구의 뿌리를 내려주신 강석호 교수님, 뿐만 아니라 분체공학을 연구하시는 많은 연구자님들께 감사하다는 말씀을 올립니다. 특히 분체공학을 연구하는 어려운 여건 속에서도 그 끈을 놓지 않고 계속해서 연구를 이어가고 계시는 '한국화학공학회 미립자부분위원회' 류필조 위원장님을 비롯한 모든 회원분들 및 운영위원 여러분, 감사합니다. 그리고 저와 함께 분체공학을 오랫동안 연구하고 계시는 개인적인 선배님이신 'HAJI Eng' 대표 김성수 박사님께도 감사의 말씀을 올립니다.

개인적으로 책을 쓰면서 감사 인사를 드려야 할 분들이 너무 많습니다.

저에게 항상 많은 배려를 해주시면서 따뜻한 격려의 말씀과 함께 저를 믿고 힘을 북돋워주시면서 제가 지금도 계속해서 연구를 할 수 있는 기회를 주신 '국립창원대학교' 이찬규 총장님께 우선 감사의 말씀을 올립니다. 그리고 항상 옆에서 따뜻한 마음으로 너무나 많은 도움을 주시는, 제가 소속한 연구센터(창원대학교 메카트로닉스 융합부품소재 연구센터, ERC)의 센터장님이신 이재현 교수님께도 무한한 감사를 드립니다. 또한, 늘 묵묵한 믿음과 관심을 가져주시는 '이진복 국회의원'님께도 함께할 수 있는 것만으로도 영광이고 감사하다는 말씀 올립니다.

저는 참 복이 많은 사람인가 봅니다.

주위에 너무나 많은 친구들, 지인들, 존경하는 분들이 저를 많이 도와주시고 좋아해 주십니다. 모두 모두 너무나 감사합니다.

항상 큰 힘이 되어주는 고등학교 동기들, 초등학교 동기들, 그리고 대학의 민주동문인 녹야원식구들, 구흥서 회장님을 비롯한 통사모 멤버들, 한국과학기술인연합(www.scieng.net) 식구들, 이웅 교수님을 비롯한 창원대학교 동료 교수님들, 교직원분들, ERC 식구들, 동래구 당협의 가족들, 강선호 국장님을 비롯한 동래고 총동창회 선후배님들과 무심회, 온천망월회, 한벌회, 망월장학회 회원 여러분들, 또한 분체공학 연구실 선후배님들, 아직도 좋은 인연으로 남아 있는 경상대학교 정한식 교수님을 비롯한 열유체 식구들, 그리고 끝으로 토요회 멤버들…… 모두 너무나 감사합니다.

그리고 항상 저에 대해서 많은 걱정을 하시는 부모님, 어떤 말로도 어떤 글로도 다 하지 못할 만큼 감사하고 사랑한다고 전하고 싶습니다. 부끄럽지만 이 책이 아버지, 어머니께 그동안의 마음고생에 대해 조금이라도 위안이 되었으면 좋겠습니다. 그리고 또 한 분의 어머님이신 장모님, 사랑하는 형과 형수, 조카들 항상 격려해 주셔서 고맙습니다. 그리고 항상 아빠를 믿어주고 제가 살아가는 힘이 되어주는 말로는 글로는 다 표현하지 못할 만큼 사랑하는 두 딸, 수현, 수정에게도 이 책을 보여주고 싶습니다.

끝으로 사랑하는 아내 안성애 선생. 평소에 하지 못했던 '너무나 고맙고 사랑한다'는 말을 이렇게 글로써 전합니다. 앞으로 영원히 더더욱 행복하자고 이야기하고 싶습니다.

모든 분들께 다시 한 번 감사드립니다.

거듭 감사드립니다.

참고문헌

『분체의 과학』, 1994, 진보겐지(저), 서태수(역), 전파과학사.

『不思議な粉の世界'-粉を科學する』, 2000, (社)日本粉體工業技術
　　　協會編, 日刊工業新聞社.

『粉(こな)の本』, 2004, 山本英雄, 伊ヶ崎文和, 山田昌治, 日刊工
　　　業新聞社.

『재미있는 가루 이야기』, 2005, 최희규, 슬기랑지혜랑(연재), 금성
　　　출판사.

색 인

최희규

(hkchoi99@changwon.ac.kr)

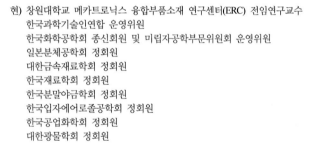

부산 동래고등학교
동국대학교 자연과학대학 생물학과(이학사)
부산대학교 대학원 분체공학협동과정(공학석사)
부산대학교 대학원 분체공학협동과정(공학박사)
창원대학교 산업기술연구소 책임연구원
창원대학교 BK21 신지식기계시스템용재료인력양성사업단
연구교수
경상대학교 BK21 친환경냉열에너지기계연구사업팀
선임연구원
부산대학교 동남권부품소재산학협력혁신사업단 전임연구원
일본 나고야대학교 박사후연구원
한국과학기술정보연구원(KISTI) 해외통신원
한국기계연구원(KIMM) 위촉연구원
교육과학기술부 예산심의자문위원

현) 창원대학교 메카트로닉스 융합부품소재 연구센터(ERC) 전임연구교수
　　한국과학기술인연합 운영위원
　　한국화학공학회 종신회원 및 미립자공학부문위원회 운영위원
　　일본분체공학회 정회원
　　대한금속재료학회 정회원
　　한국재료학회 정회원
　　한국분말야금학회 정회원
　　한국입자에어로졸공학회 정회원
　　한국공업화학회 정회원
　　대한광물학회 정회원

2010 국민권익위원회 청렴에세이 공모 일반부 최우수상 수상
2010 세계3대 인명사전 Marquis Who's Who 등재
2004 한국화학공학회 춘계학술대회 대학원 연구상 수상

국외논문(SCI급) 40여 편, 국내논문 30여 편 출판, 140여 회의 국내외 학술발표
국내외 특허 20여 건 출원 및 등록

가루와 함께
일주일만 놀아보자!

초판발행 2012년 2월 1일
초판 4쇄 2019년 1월 11일

지은이 최희규
펴낸이 채종준

펴낸곳 한국학술정보(주)
주소 경기도 파주시 회동길 230 (문발동)
전화 031 908 3181(대표)
팩스 031 908 3189
홈페이지 http://ebook.kstudy.com
E-mail 출판사업부 publish@kstudy.com
등록 제일산−115호(2000. 6. 19)

ISBN 978-89-268-3064-2 03430 (Paper Book)
        978-89-268-3065-9 08430 (e-Book)